推动形成全面开放新格局书系

企业境外发债政策法规汇编

《企业境外发债政策法规汇编》编委会　编

中国计划出版社

图书在版编目（CIP）数据

企业境外发债政策法规汇编 / 《企业境外发债政策法规汇编》编委会编. -- 北京 : 中国计划出版社, 2019.1(2022.4重印)
(推动形成全面开放新格局书系)
ISBN 978-7-5182-0962-0

Ⅰ. ①企… Ⅱ. ①企… Ⅲ. ①中资企业－债务管理－金融政策－汇编－世界 Ⅳ. ①F279.247②F831.0

中国版本图书馆CIP数据核字(2018)第274086号

推动形成全面开放新格局书系
企业境外发债政策法规汇编
《企业境外发债政策法规汇编》编委会　编

中国计划出版社出版
网址：www.jhpress.com
地址：北京市西城区木樨地北里甲 11 号国宏大厦 C 座 3 层
邮政编码：100038　电话：(010) 63906433（发行部）
新华书店经销
北京虎彩文化传播有限公司印刷

787mm×1092mm　1/16　15.5 印张　335 千字
2019 年 1 月第 1 版　2022 年 4 月第 2 次印刷

ISBN 978-7-5182-0962-0
定价：79.00 元

《推动形成全面开放新格局书系》

编委会

《企业境外发债政策法规汇编》

编 委 会

编 者 按

随着中国经济的快速发展和综合国力的日益提升，中资企业国际化进程加速，跨境交易日趋频繁，越来越多的中资企业选择通过境外发债、借用国际商业贷款等跨境融资方式获取发展资金。为进一步鼓励中资企业有效利用“两个市场、两种资源”，充分发挥国际市场资金低成本优势，有力支持我国重点战略项目建设，维护国际收支平衡，促进产业升级和经济转型，国家相继制定和出台了一系列外债相关法律、法规和政策文件。鉴于此，为提高政策透明度，从方便政府主管部门、企业以及市场中介机构开展工作角度出发，国家发展改革委利用外资和境外投资司组织有关部门和机构梳理和编辑了《企业境外发债政策法规汇编》（简称《汇编》）一书。《汇编》全面收录了我国企业境外发债领域截至2018年末已出台的主要法律、法规和政策文件，包括党中央、国务院政策规定，以及国家发展改革委、地方发展改革委、人民银行、外汇局、银保监会、证监会等行业主管部门在该领域的具体规定等。

《汇编》对于企业境外发债有关各方了解和掌握相关法规和政策规定，进一步做好利用外资和境外投资工作将发挥积极的作用。

最后，感谢君合律师事务所合伙人余永强律师、雷天啸律师和孙凤敏律师为《汇编》的资料收集及整理做出的贡献。

编者

2018年12月

目　　录

第一部分　关于境外发债备案登记的政策性规定 …………………………… 1

国民经济和社会发展第十三个五年规划纲要（节选）
（2016 年 3 月 16 日第十二届全国人民代表大会第四次会议批准） ………… 3
国务院关于推进国际产能和装备制造合作的指导意见（节选）
（国发〔2015〕30 号，2015 年 5 月） ………………………………………… 4
中共中央、国务院关于深化投融资体制改革的意见（节选）
（中发〔2016〕18 号，2016 年 7 月） ………………………………………… 5
国务院批转国家发展改革委关于 2016 年深化经济体制改革重点工作意见的通知（节选）
（国发〔2016〕21 号，2016 年 3 月） ………………………………………… 6

第二部分　国家发展改革委关于外债管理的相关规定 ………………………… 7

（一）国家发展改革委关于外债管理的基本规定 ………………………………… 9

外债管理暂行办法
（国家发展计划委员会　财政部　国家外汇管理局令第 28 号，
2003 年 1 月） ……………………………………………………………………… 9
境内外资银行外债管理办法
（国家发展和改革委员会　中国人民银行　中国银行业监督管理委员会令第 9 号，
2004 年 5 月） …………………………………………………………………… 14
国家发展改革委《关于推进企业发行外债备案登记制管理改革的通知》
（发改外资〔2015〕2044 号，2015 年 9 月） ………………………………… 17
国家发展改革委、财政部《关于完善市场约束机制严格防范外债风险和地方债务风险的通知》
（发改外资〔2018〕706 号，2018 年 5 月） ………………………………… 20
国家发展改革委有关负责人就《国家发展改革委　财政部关于完善市场约束机制严格防范外债风险和地方债务风险的通知》答记者问
（2018 年 6 月） …………………………………………………………………… 22

（二）国家发展改革委关于境外发债的窗口指导意见 …………………………… 25

国家发展改革委《企业境外发债窗口指导意见》
（2015 年 12 月） …………………………………………………………………… 25
国家发展改革委《企业境外发债风险提示》
（2016 年 5 月） …………………………………………………………………… 26
国家发展改革委《企业境外发行债券风险提示》
（2017 年 6 月） …………………………………………………………………… 27
国家发展改革委约谈违规发行外债的有关企业和中介机构
（2018 年 5 月） …………………………………………………………………… 28
国家发展改革委有关负责人就企业违规发行外债事宜答记者问
（2018 年 6 月） …………………………………………………………………… 29
国家发展改革委外资司有关负责人就“发展改革委考虑禁止企业发行 364 天期美元债”有关舆情答记者问
（2018 年 6 月） …………………………………………………………………… 30

（三）国家发展改革委关于外债试点地区和试点企业的相关规定 ………………… 31

发展改革委部署 2016 年度四个自贸区所在省市外债规模管理改革试点工作
（2016 年 5 月） …………………………………………………………………… 31
国家发展改革委《关于 2016 年外债管理改革试点省市规模安排的批复》
（发改外资〔2016〕1139 号，2016 年 5 月） …………………………………… 32
国家发展改革委部署 2016 年度企业外债规模管理改革试点工作
（2016 年 5 月） …………………………………………………………………… 33
国家发展改革委《关于 2016 年度企业外债规模管理改革试点的批复》
（发改外资〔2016〕1153 号，2016 年 5 月） …………………………………… 34
国家发展改革委《关于 2017 年度外债规模管理改革试点企业（第一批）的批复》
（发改外资〔2017〕60 号，2017 年 1 月） ……………………………………… 36
国家发展改革委《关于 2017 年度外债规模管理改革试点企业（第二批）的批复》
（发改外资〔2017〕560 号，2017 年 3 月） …………………………………… 38
国家发展改革委《关于 2018 年度外债规模管理企业外债规模的批复》
（发改外资〔2018〕307 号，2018 年 2 月） …………………………………… 40

第三部分　地方发展改革委关于境外发债的相关规定 ……………………………… 43

广东省发展改革委《外债规模管理改革试点暂行办法》
（粤发改外资〔2016〕670 号，2016 年 11 月） ………………………………… 45
深圳市发展改革委《关于做好我市外债备案登记制管理改革相关工作的通知》

（深发改函〔2016〕1648 号，2016 年 6 月） …… 48
福建省发展改革委《关于转发国家发展改革委推进企业发行外债备案登记制管理改革的通知》
（闽发改外经〔2015〕649 号，2015 年 9 月） …… 50
厦门市发展改革委《关于贯彻落实国家发展改革委推进企业发行外债备案登记制管理改革的通知》
（厦发改投资〔2015〕1033 号，2015 年 12 月） …… 51
厦门市发展改革委《关于 2016 年外债管理改革试点有关工作的通知》
（厦发改投资〔2016〕436 号，2016 年 6 月） …… 53
重庆市发展改革委《关于企业发行外债相关事项的通知》
（渝发改外〔2016〕458 号，2016 年 4 月） …… 54
重庆市发展改革委《关于印发〈重庆市外债规模管理改革试点暂行办法〉的通知》
（渝发改外〔2017〕95 号，2017 年 1 月） …… 56
天津市发展改革委《关于印发天津市企业发行外债规模管理试点暂行办法的通知》
（津发改外资〔2016〕1022 号，2016 年 11 月） …… 60

第四部分　人民银行关于境外发债的主要规定 …… 63

中国人民银行《关于全口径跨境融资宏观审慎管理有关事宜的通知》
（银发〔2017〕9 号，2017 年 1 月） …… 65
中国人民银行《关于简化跨境人民币业务流程和完善有关政策的通知》（节选）
（银发〔2013〕168 号，2013 年 7 月） …… 71
中国人民银行重庆营业管理部《关于印发〈中新（重庆）战略性互联互通示范项目跨境人民币创新业务试点管理办法〉的通知》（节选）
（渝银发〔2016〕28 号） …… 72

第五部分　外汇管理部门关于境外发债的主要规定 …… 75

国务院《中华人民共和国外汇管理条例》（节选）
（国务院令第 532 号，2008 年 8 月） …… 77
国家外汇管理局《关于发布〈外债登记管理办法〉的通知》
（汇发〔2013〕19 号，2013 年 4 月） …… 78
国家外汇管理局《关于发布〈跨境担保外汇管理规定〉的通知》
（汇发〔2014〕29 号，2014 年 5 月） …… 83
国家外汇管理局《全口径跨境融资宏观审慎管理政策问答（第一期）》
（2017 年 5 月） …… 97
国家外汇管理局《关于改革和规范资本项目结汇管理政策的通知》（节选）

（汇发〔2016〕16 号，2016 年 6 月） …… 101
国家外汇管理局《关于进一步推进外汇管理改革完善真实合规性审核的通知》（节选）
（汇发〔2017〕3 号，2017 年 1 月） …… 103
国家外汇管理局《〈关于进一步推进外汇管理改革完善真实合规性审核的通知〉政策问答（第二期）》（节选）
（2017 年 4 月） …… 104
国家外汇管理局《资本项目外汇业务操作指引（2017 年）》（节选） …… 107

第六部分　行业主管部门关于境外发债的主要规定 …… 117

（一）商业银行 …… 119

全国人大常委会《中华人民共和国商业银行法》（节选）
（主席令第 34 号，2015 年 8 月） …… 119
中国银保监会《中资商业银行行政许可事项实施办法》（节选）
（中国银保监会令 2018 年第 5 号，2018 年 8 月） …… 120
中国人民银行、国家发展改革委《境内金融机构赴香港特别行政区发行人民币债券管理暂行办法》
（中国人民银行、国家发展和改革委员会公告〔2007〕第 12 号，2007 年 6 月） …… 121
国务院办公厅《关于加强影子银行监管有关问题的通知》（节选）
（国办发〔2013〕107 号） …… 123
中国银监会《关于有效防范企业债担保风险的意见》（节选）
（银监发〔2007〕75 号，2007 年 10 月） …… 124

（二）非银行金融机构 …… 125

中国银监会《金融租赁公司管理办法》（节选）
（中国银监会令 2014 年第 3 号，2014 年 3 月） …… 125
中国银监会《汽车金融公司管理办法》（节选）
（中国银监会令 2008 年第 1 号，2008 年 1 月） …… 126
中国银监会《消费金融公司试点管理办法》（节选）
（中国银监会令 2013 年第 2 号，2013 年 11 月） …… 127
中国银监会《企业集团财务公司管理办法》（节选）
（中国银监会令 2006 年第 8 号，2006 年 12 月） …… 128
国务院《金融资产管理公司条例》（节选）
（国务院令第 297 号，2000 年 11 月） …… 129

（三）保险公司 …………………………………………………………… 130

中国保监会《保险公司资本补充管理办法（征求意见稿）》（节选）
（保监厅函〔2014〕422 号，2014 年 11 月） …………………………… 130
中国保监会、国家外汇管理局《关于规范保险机构开展内保外贷业务有关事项的通知》（节选）
（保监发〔2018〕5 号，2018 年 2 月） ……………………………… 131

（四）证券公司 …………………………………………………………… 133

中国证监会《证券公司债务融资工具管理暂行规定（征求意见稿）》（节选）
（2013 年 3 月） ………………………………………………………… 133

（五）上市公司 …………………………………………………………… 135

中国证监会、中国银监会《关于规范上市公司对外担保行为的通知》（节选）
（证监发〔2005〕120 号，2005 年 11 月） …………………………… 135
中国证监会、国资委《关于规范上市公司与关联方资金往来及上市公司对外担保若干问题的通知》（节选）
（证监发〔2003〕56 号，2003 年 8 月） ……………………………… 136
中国证监会《优先股试点管理办法》（节选）
（中国证监会令第 97 号，2014 年 3 月） …………………………… 137

（六）国有企业 …………………………………………………………… 138

国资委《关于印发〈中央企业债券发行管理暂行办法〉的通知》
（国资发产权〔2008〕70 号，2008 年 4 月） ………………………… 138
财政部《关于规范金融企业对地方政府和国有企业投融资行为有关问题的通知》
（财金〔2018〕23 号，2018 年 3 月） ……………………………… 141

（七）城投企业 …………………………………………………………… 144

国务院《关于加强地方政府性债务管理的意见》
（国发〔2014〕43 号，2014 年 9 月） ……………………………… 144
国务院《关于加强地方政府融资平台公司管理有关问题的通知》
（国发〔2010〕19 号，2010 年 6 月） ……………………………… 148
国家发展改革委办公厅《关于进一步规范地方政府投融资平台公司发行债券行为有关问题的通知》
（发改办财金〔2010〕2881 号，2010 年 11 月） ……………………… 151
财政部、发展改革委、司法部、人民银行、银监会、证监会《关于进一步规范地方政府举债融资行为的通知》

（财预〔2017〕50 号，2017 年 4 月） ······ 154
国家发展改革委办公厅、财政部办公厅《关于进一步增强企业债券服务实体经济能力严格防范地方债务风险的通知》
（发改办财金〔2018〕194 号，2018 年 2 月） ······ 157
中国银监会《关于切实做好 2011 年地方政府融资平台贷款风险监管工作的通知》
（银监发〔2011〕34 号，2011 年 3 月） ······ 159
中国银监会《关于加强 2012 年地方政府融资平台贷款风险监管的指导意见》
（银监发〔2012〕12 号，2012 年 3 月） ······ 165
中国银监会《关于加强 2013 年地方政府融资平台贷款风险监管的指导意见》
（银监发〔2013〕10 号，2013 年 4 月） ······ 173
中国银监会办公厅《关于地方政府融资平台贷款监管有关问题的说明》
（银监办发〔2011〕191 号，2011 年 6 月） ······ 178

第七部分　中资企业设立境外发债主体的其他主要规定 ······ 183

国家发展改革委《企业境外投资管理办法》
（国家发展和改革委员会令第 11 号，2017 年 12 月） ······ 185
国家发展改革委有关负责人就《企业境外投资管理办法》答记者问 ······ 194
商务部《境外投资管理办法》
（商务部令 2014 年第 3 号，2014 年 9 月） ······ 198
国资委《中央企业境外投资监督管理办法》
（国务院国有资产监督管理委员会令第 35 号，2017 年 1 月） ······ 209

第八部分　国际金融组织和外国政府贷款的主要规定 ······ 215

国际金融组织和外国政府贷款投资项目管理暂行办法
（国家发展和改革委员会令第 28 号，2005 年 2 月） ······ 217
国际金融组织和外国政府贷款工作指南 ······ 221

第一部分
关于境外发债备案登记的政策性规定

国民经济和社会发展第十三个五年规划纲要

（节　选）

（2016 年 3 月 16 日第十二届全国人民代表大会第四次会议批准）

第五十章　健全对外开放新体制

完善法治化、国际化、便利化的营商环境，健全有利于合作共赢、同国际投资贸易规则相适应的体制机制。

第三节　扩大金融业双向开放

有序实现人民币资本项目可兑换，提高可兑换、可自由使用程度，稳步推进人民币国际化，推进人民币资本走出去。逐步建立外汇管理负面清单制度。放宽境外投资汇兑限制，改进企业和个人外汇管理。放宽跨国公司资金境外运作限制，逐步提高境外放款比例。支持保险业走出去，拓展保险资金境外投资范围。统一内外资企业及金融机构外债管理，稳步推进企业外债登记制管理改革，健全本外币全口径外债和资本流动审慎管理框架体系。加强国际收支监测。推进资本市场双向开放，提高股票、债券市场对外开放程度，放宽境内机构境外发行债券，以及境外机构境内发行、投资和交易人民币债券。提高金融机构国际化水平，加强海外网点布局，完善全球服务网络，提高国内金融市场对境外机构开放水平。

国务院关于推进国际产能和装备制造合作的指导意见

（节　选）

（国发〔2015〕30号，2015年5月）

（三十四）扩大融资资金来源。支持符合条件的企业和金融机构通过发行股票、债券、资产证券化产品在境内外市场募集资金，用于“走出去”项目。实行境外发债备案制，募集低成本外汇资金，更好地支持企业“走出去”资金需求。

中共中央、国务院关于深化投融资体制改革的意见

（节　选）

（中发〔2016〕18 号，2016 年 7 月）

（十三）加快构建更加开放的投融资体制。创新有利于深化对外合作的投融资机制，加强金融机构协调配合，用好各类资金，为国内企业走出去和重点合作项目提供更多投融资支持。在宏观和微观审慎管理框架下，稳步放宽境内企业和金融机构赴境外融资，做好风险规避。完善境外发债备案制，募集低成本外汇资金，更好地支持企业对外投资项目。加强与国际金融机构和各国政府、企业、金融机构之间的多层次投融资合作。

国务院批转国家发展改革委关于2016年深化经济体制改革重点工作意见的通知

（节 选）

（国发〔2016〕21号，2016年3月）

（二十六）改革完善现代金融监管体制。完善宏观审慎政策框架，制定金融监管体制改革方案，实现金融风险监管全覆盖。完善国有金融资本管理制度。完善外汇储备管理制度，建立健全外债和资本流动管理体系。

（三十四）完善“一带一路”和国际产能合作体制。深入贯彻实施“一带一路”战略规划及三年滚动计划，务实推进中蒙俄等六大国际经济合作走廊建设，加强与相关国家发展战略对接。完善上下联动、统一归口、高效运转的对内对外合作机制，形成推进国际产能和装备制造合作的合力。持续深化境外投资管理制度改革，健全风险评估、预警和应急处置机制，研究探索有效的事中事后监管和服务手段。设立人民币海外合作基金。落实外债登记制改革，为企业开展国际产能合作提供低成本融资渠道。

第二部分

国家发展改革委关于外债管理的相关规定

（一）国家发展改革委关于外债管理的基本规定

中华人民共和国国家发展计划委员会
中华人民共和国财政部　令
中华人民共和国国家外汇管理局

第 28 号

为规范举借外债行为，提高外债资金使用效益，防范外债风险，特制定《外债管理暂行办法》，现予以发布，自 2003 年 3 月 1 日起施行。

国家发展计划委员会主任　曾培炎
财政部部长　项怀诚
国家外汇管理局局长　郭树清
二〇〇三年一月八日

外债管理暂行办法

第一章　总　　则

第一条　为加强外债管理，规范举借外债行为，提高外债资金使用效益，防范外债风险，制定本办法。

第二条　本办法所称"外债"，是指境内机构对非居民承担的以外币表示的债务。

第三条　本办法所称"境内机构"，是指在中国境内依法设立的常设机构，包括但不限于政府机关、金融境内机构、企业、事业单位和社会团体。

第四条　本办法所称"非居民"，是指中国境外的机构、自然人及其在中国境内依法设立的非常设机构。

第五条　按照债务类型划分，外债分为外国政府贷款、国际金融组织贷款和国际商业贷款。

（一）外国政府贷款，是指中国政府向外国政府举借的官方信贷；

（二）国际金融组织贷款，是指中国政府向世界银行、亚洲开发银行、联合国农业发展基金会和其他国际性、地区性金融机构举借的非商业性信贷；

（三）国际商业贷款，是指境内机构向非居民举借的商业性信贷。包括：

1. 向境外银行和其他金融机构借款；

2. 向境外企业、其他机构和自然人借款；

3. 境外发行中长期债券（含可转换债券）和短期债券（含商业票据、大额可转让存单等）；

4. 买方信贷、延期付款和其它形式的贸易融资；

5. 国际融资租赁；

6. 非居民外币存款；

7. 补偿贸易中用现汇偿还的债务；

8. 其它种类国际商业贷款。

第六条 按照偿还责任划分，外债分为主权外债和非主权外债。

（一）主权外债，是指由国务院授权机构代表国家举借的、以国家信用保证对外偿还的外债。

（二）非主权外债，是指除主权外债以外的其它外债。

第七条 本办法所称“对外担保”，是指境内机构依据《中华人民共和国担保法》，以保证、抵押或质押方式向非居民提供的担保。

对外担保形成的潜在对外偿还义务为或有外债。

第八条 国家对各类外债和或有外债实行全口径管理。举借外债、对外担保、外债资金的使用和偿还须符合国家有关法律、法规和本办法的规定。

第九条 国家发展计划委员会、财政部和国家外汇管理局是外债管理部门。

第二章 举借外债和对外担保

第十条 国家发展计划委员会会同有关部门根据国民经济和社会发展需要，以及国际收支状况和外债承受能力，制定国家借用外债计划，合理确定全口径外债的总量和结构调控目标。

第十一条 国家根据外债类型、偿还责任和债务人性质，对举借外债实行分类管理。

第十二条 国际金融组织贷款和外国政府贷款由国家统一对外举借。

国家发展计划委员会会同财政部等有关部门制定世界银行、亚洲开发银行、联合国农业发展基金会和外国政府贷款备选项目规划，财政部根据规划组织对外谈判、磋商、签订借款协议和对国内债务人直接或通过有关金融机构转贷。其中，世界银行、亚洲开发银行、联合国农业发展基金会和重点国别外国政府贷款备选项目规划须经国务院批准。

第十三条 财政部代表国家在境外发行债券由财政部报国务院审批，并纳入国家借用外债计划。其他任何境内机构在境外发行中长期债券均由国家发展计划委员会会同国家外汇管理局审核后报国务院审批；在境外发行短期债券由国家外汇管理局审批，其中设定滚动发行的，由国家外汇管理局会同国家发展计划委员会审批。

第十四条 国家对国有商业银行举借中长期国际商业贷款实行余额管理，余额由国家发展计划委员会会同有关部门审核后报国务院审批。

第十五条 境内中资企业等机构举借中长期国际商业贷款，须经国家发展计划委员会批准。

第十六条 国家对境内中资机构举借短期国际商业贷款实行余额管理，余额由国家外汇管理局核定。

第十七条 国家对境内外资金融机构举借外债实行总量控制，具体办法另行制定。

第十八条 外商投资企业举借的中长期外债累计发生额和短期外债余额之和应当控制在审批部门批准的项目总投资和注册资本之间的差额以内。

在差额范围内，外商投资企业可自行举借外债。超出差额的，须经原审批部门重新核定项目总投资。

第十九条 境内机构对外担保应当遵守国家法律、法规和外汇管理部门的有关规定。

第二十条 境内机构不得为非经营性质的境外机构提供担保。

第二十一条 未经国务院批准，任何政府机关、社会团体、事业单位不得举借外债或对外担保。

第二十二条 境内机构对外签订借款合同或担保合同后，应当依据有关规定到外汇管理部门办理登记手续。国际商业贷款借款合同或担保合同须经登记后方能生效。

第三章 外债资金使用

第二十三条 外债资金应当主要用于经济发展和存量外债的结构调整。

第二十四条 国际金融组织贷款和外国政府贷款等中长期国外优惠贷款重点用于基础性和公益性建设项目，并向中西部地区倾斜。

第二十五条 中长期国际商业贷款重点用于引进先进技术和设备，以及产业结构和外债结构调整。

第二十六条 境内企业所借中长期外债资金，应当严格按照批准的用途合理使用，不得挪作他用。确需变更用途的，应当按照原程序报批。

第二十七条 境内企业所借短期外债资金主要用作流动资金，不得用于固定资产投资等中长期用途。

第二十八条 使用外债资金的固定资产投资项目应当实行项目法人责任制，由项目法人对外债资金的使用效益负责。

依据《中华人民共和国招标投标法》和国外贷款机构有关规定需要进行招标采购的，应当严格按照规定执行。

第二十九条 外债管理部门负责对外债资金使用进行管理和监督。

第三十条 国家发展计划委员会依据《国家重大建设项目稽察办法》的规定，向使用外债资金的国家重大建设项目派出稽察特派员，对项目的实施和资金使用情况进行稽察。

第四章 外债偿还和风险管理

第三十一条 主权外债由国家统一对外偿还。主权外债资金由财政部直接或通过金融机构转贷给国内债务人的，国内债务人应当对财政部或转贷金融机构承担偿还责任。

第三十二条 非主权外债由债务人自担风险、自行偿还。

第三十三条 债务人可以用自有外汇资金偿还外债，也可经外汇管理部门核准用人民币购汇偿还外债。

第三十四条 债务人无法偿还的外债，有担保人的，应当由担保人负责偿还。

第三十五条 担保人按照担保合同规定需要履行对外代偿义务时，应当到外汇管理部门办理对外担保履约核准手续。

第三十六条 债务人应当加强外债风险管理，适时调整和优化债务结构。

在不扩大原有外债规模的前提下，经国家发展计划委员会核准，债务人可以通过借入低成本外债、偿还高成本外债等方式，降低外债成本，优化债务结构，其中，涉及主权外债的，需经财政部核准。

第三十七条 债务人可以保值避险为目的，委托具有相关资格的金融机构运用金融工具规避外债的汇率和利率风险。

第五章 外债监管

第三十八条 外债管理部门根据国家法律、法规和本办法有关规定，对外债和对外担保实施监管。

第三十九条 外债管理部门履行监管职责时，有权要求债务人和相关单位提供有关资料，检查有关帐目和资产。

第四十条 境内机构举借外债或对外担保时，未履行规定的审批手续或未按规定进行登记的，其对外签订的借款合同或担保合同不具有法律约束力。

第四十一条 不以借款合同或担保合同等形式体现，但在实质上构成对外偿还义务或潜在对外偿还义务的对外借款或担保，须按照本办法纳入外债监管。

第四十二条 禁止违反利益共享、风险共担原则，以保证外商直接投资固定回报等方式变相举借外债。

第四十三条 未经外债管理部门批准，境外中资企业不得将其自身承担的债务风险和偿债责任转移到境内。

第四十四条　经营外汇业务的金融机构在为境内机构开立外汇、外债帐户和处理外汇资金往来业务时，发现违反本办法规定的行为，应当及时向有关外债管理部门报告，并协助外债管理部门进行调查。

第四十五条　外债管理部门应当掌握外债动态，建立和完善全口径外债监测预警机制。

第四十六条　国家外汇管理局负责外债的统计监测，定期公布外债统计数据。

第四十七条　境内机构违反本办法规定举借外债或对外担保的，由其主管部门对直接负责的主管人员和其他直接责任人员依法给予相应的行政处分。构成犯罪的，依法追究刑事责任。

第四十八条　外债管理部门的工作人员徇私舞弊、滥用职权或玩忽职守，由其所在部门依法给予行政处分。构成犯罪的，依法追究刑事责任。

第六章　附　　则

第四十九条　境内机构向香港、澳门特别行政区和台湾地区的机构举借债务或提供担保，比照本办法进行管理。

第五十条　外债管理部门应当依据本办法，制定和完善有关实施细则。

第五十一条　本办法由国家发展计划委员会、财政部和国家外汇管理局负责解释。

第五十二条　本办法自 2003 年 3 月 1 日起施行。

中华人民共和国国家发展和改革委员会
中　国　人　民　银　行　令
中国银行业监督管理委员会

第9号

为加强外债的全口径管理，有效调控外债总量，规范境内外资银行外债管理，经国务院批准，特制定《境内外资银行外债管理办法》，现予以发布，自颁布之日起30日后施行。

发展改革委主任　马　凯
人民银行行长　周小川
银监会主席　刘明康
二〇〇四年五月二十七日

境内外资银行外债管理办法

第一条　为促进境内中、外资银行公平竞争，有效控制外债规模，防范外债风险，根据《中华人民共和国外资金融机构管理条例》、《中华人民共和国外汇管理条例》和有关外债管理规定，制定本办法。

第二条　本办法所称外资银行是指按照《中华人民共和国外资金融机构管理条例》及相关法律法规在中国境内设立的外资独资银行、中外合资银行和外国银行分行。

第三条　国家对境内外资银行的外债实行总量控制。境内外资银行的外债包括境外借款、境外同业拆入、境外同业存款、境外联行和附属机构往来（负债方）、非居民存款和其他形式的对外负债。

第四条　国家发展和改革委员会（下称"国家发展改革委"）会同中国银行业监督管理委员会（下称"银监会"）、国家外汇管理局（下称"外汇局"），根据国民经济和社会发展需要、国际收支状况和外债承受能力，以及境内外资银行的资产负债状况和运营资金需求等，合理确定境内外资银行外债总量以及中长期和短期外债结构调控目标。

第五条　境内外资银行借用外债，签约期限在1年期以上（不含1年期）的中长期外债，由国家发展改革委按年度核定发生额；签约期限在1年期以下的短期外债，由外汇局核定余额。

第六条　每年2月底之前，境内外资银行须分别向国家发展改革委或外汇局提出关于本年度中长期外债发生额或短期外债余额的申请。其中，外资独资银行、中外合资银行分别通过商业注册所在地的发展改革委或外汇局的分支机构逐级向国家发展改革委或外汇局提出申请；外国银行分行由在中国境内的主报告行直接向国家发展改革委或外汇局提出申请。没有主报告行的，应通过商业注册所在地的发展改革委或外汇局的分支机构逐级向国家发展改革委或外汇局提出申请。

第七条　境内外资银行申请年度外债总额，需分别向国家发展改革委或外汇局提供下列材料：

（一）借用中长期或短期外债的申请报告，内容包括上年度的业务经营状况、资金来源和运用情况、所申请外债额度的依据和资金用途等。

（二）境外总行或地区管理部批准的对中国境内债务人的年度授信限额文件。

（三）外资独资银行、中外合资银行应提供报送银监会的上年度境内合并资产负债表和损益表。外国银行分行应提供报送银监会的分行上年度资产负债表和损益表，以及境内营业性分支机构上年度合并资产负债表和损益表。

（四）与申请人流动性需要或资金用途有关的证明材料。

第八条　国家发展改革委、外汇局根据境内外资银行的上年度外债借用情况、其境外总行或地区管理部批准的本年度对中国境内债务人的年度授信限额、境内贷款项目需求（中长期外债）及流动性需要（短期外债），分别核定境内外资银行本年度中长期外债发生额和短期外债余额。境内外资银行在本年度新借入的中长期外债不得超过国家发展改革委核定的额度；本年度内任一时点的短期外债余额不得超过外汇局核定的余额。

第九条　外债总额确定后，境内外资银行可以根据业务需要在年度内向国家发展改革委或外汇局申请进行一次调整。国家发展改革委或外汇局根据情况决定是否批准。

第十条　境内外资银行向境内机构发放外汇贷款按照国内外汇贷款方式管理。除出口押汇外，境内外资银行向境内机构发放的外汇贷款不得结汇。

第十一条　境内外资银行对外提供担保，按对外担保进行管理；境内机构为境内债务人向境内外资银行提供担保按国内担保进行管理。

第十二条　境内外资银行借用的外债资金不得结汇，还本付息不得购汇。境内外资银行办理其外债项下还本付息不需要外汇局核准。

经外汇局批准，境内机构可以选择境内外资银行开立外债项下专用账户。

第十三条　外汇局负责对境内外资银行外债和国内外汇贷款的统计、监测工作。境内外资银行应于每月初5个工作日内向注册地外汇局分支机构报送外债统计数据，并按照国内外汇贷款的有关规定向当地外汇局报送国内外汇贷款相关信息。

第十四条　外汇局对境内外资银行借用外债情况和发放外汇贷款情况进行定期和不定期现场或非现场检查。凡违反本办法规定的，外汇局可根据《中华人民共和国外汇管理条例》及相关法律法规进行处罚。

第十五条　本办法由国家发展改革委、人民银行负责解释。此前其他规定与本办法有抵触的，以本办法为准。

第十六条　本办法自颁布之日起30日后施行。

国家发展改革委《关于推进企业发行外债备案登记制管理改革的通知》

（发改外资〔2015〕2044号，2015年9月）

各省、自治区、直辖市及计划单列市、新疆生产建设兵团发展改革委，各中央管理企业和金融机构：

为统筹用好国内外两个市场、两种资源，进一步发挥国际资本市场低成本资金在促投资、稳增长方面的积极作用，有序推进企业发行外债管理改革，创新外债管理方式，促进跨境融资便利化，支持实体经济发展，现就有关事项通知如下：

一、稳步推进企业发行外债备案登记制管理改革

（一）本通知所称外债，是指境内企业及其控制的境外企业或分支机构向境外举借的、以本币或外币计价、按约定还本付息的1年期以上债务工具，包括境外发行债券、中长期国际商业贷款等。

（二）取消企业发行外债的额度审批，改革创新外债管理方式，实行备案登记制管理。通过企业发行外债的备案登记和信息报送，在宏观上实现对借用外债规模的监督管理。

（三）企业发行外债，须事前向国家发展改革委（以下简称国家发改委）申请办理备案登记手续，并在每期发行结束后10个工作日内，向国家发改委报送发行信息（企业发行外债信息报送表，附件1）。

（四）在总结经验的基础上，选择若干综合经济实力较强、风险防控机制完善的省份和大型银行，扩大外债规模切块管理改革试点。根据地方和企业实际需要，国家发改委按年度一次性核定外债规模，企业可视国内外资本市场状况和项目建设需要分期分批完成发行。

二、扩大企业外债规模，支持重点领域和产业转型升级

（五）根据国际资本市场动态和我国经济社会发展需要及外债承受能力，按照“控制总量、优化结构、服务实体”的原则，国家发改委对企业发行外债实行规模控制，合理确定总量和结构调控目标，引导资金投向国家鼓励的重点行业、重点领域、重大项目，有效支持实体经济发展。

（六）为应对经济下行压力，有效利用境外低成本资金，鼓励资信状况好、偿债能力强的企业发行外债，募集资金根据实际需要自主在境内外使用，优先用于支持“一带一路”、京津冀协同发展、长江经济带与国际产能和装备制造合作等重大工程建设和重点领域投资。

三、简化企业发行外债备案登记

（七）企业发行外债应符合以下基本条件：信用记录良好，已发行债券或其他债务未处于违约状态。具有良好的公司治理和外债风险防控机制。资信情况良好，具有较强的偿债能力。

（八）企业发行外债提交的备案登记材料包括：发行外债的申请报告与发行方案，包括外债币种、规模、利率、期限、募集资金用途及资金回流情况等。申请人应对申请材料及信息的真实性、合法性和完整性负责。

（九）对于实施外债规模切块管理改革试点的省市，企业和金融机构向试点省市发展改革委提出备案登记申请。中央管理企业和金融机构，以及试点省市以外的地方企业和金融机构直接向国家发改委提出备案登记申请。

（十）国家发改委在收到备案登记申请后 5 个工作日决定是否予以受理，自受理之日起 7 个工作日内，在外债总规模限额内出具《企业发行外债备案登记证明》（附件 2）。外债发行人凭备案登记证明按规定办理外债资金流出流入等有关手续。当外债总规模超出限额时，国家发改委将向社会公告，同时不再受理备案登记申请。

（十一）企业发行外债实际情况与备案登记情况差异较大时，应在信息报送时予以说明。对于恶意虚报外债备案登记规模的企业，国家发改委将其不良信用记录纳入国家信用信息平台。

四、加强事中事后监管，切实防范风险

（十二）为做好相关服务，国家发改委将尽快开发网上备案登记系统，方便企业办理备案登记手续。同时，会同有关部门加强对全口径外债的宏观监测和管理，及时汇总分析企业发行外债备案登记和信息报送情况，关注跨境资本流动中出现的苗头性、倾向性、潜在性问题，加强事中事后监管，确保负债率、债务率、偿债率等主要外债指标控制在安全线以内，切实有效防范外债风险。

（十三）外债规模切块管理改革试点的地方发展改革部门要简化程序、推进改革，防止以备案登记名义进行变相审批。同时，要密切关注本地区企业发行外债情况，及时了解有关动态，会同有关部门建立本地区外债风险监测指标体系，并于每年年底前向国家发改委报送外债使用基本情况（包括企业发行外债规模、结构、投向及外债偿还和余额等）。

（十四）本通知自发布之日起施行。

附件：1. 企业发行外债信息报送表

2. 企业发行外债备案登记证明（格式）

国家发展改革委

2015 年 9 月 14 日

附件 1

企业发行外债信息报送表

发行主体			
企业注册所在地		组织机构代码	
主营业务		行业类别	
企业主要经济指标	注册资本	上年末总资产	上年末净资产
	上年末资产负债率	上年度净利润	上年末外债余额
企业发行外债基本情况	发行时间	外债类型	币种规模
	期限	发行地区	利率
资金回流及使用情况			
备注			

附件 2

企业发行外债备案登记证明

（外债登〔20××〕第　号）

（备案登记申请单位）：

报来《关于＊＊＊申请备案登记的请示》（文号）收悉。经审核，同意（外债申请）予以备案登记。发行人凭本备案登记证明按规定办理外债外汇、回流结汇等相关手续。本备案登记证明有效期 1 年。

国家发展改革委办公厅

20　年　月　日

国家发展改革委、财政部《关于完善市场约束机制严格防范外债风险和地方债务风险的通知》

（发改外资〔2018〕706号，2018年5月）

各省、自治区、直辖市及计划单列市、新疆生产建设兵团发展改革委、财政厅（局）：

为深入贯彻落实党的十九大、中央经济工作会议和全国金融工作会议精神，进一步发挥国际资本市场低成本资金在支持实体经济转型升级和推进供给侧结构性改革方面的积极作用，完善市场约束机制，切实有效防范中长期外债风险和地方债务风险，现就有关事项通知如下。

一、拟举借中长期外债企业（含金融机构，下同）要实现实体化运营，依法合规开展市场化融资，充分论证发行外债的必要性、可行性、经济性和财务可持续性，同时依托自身资信状况制定外债本息偿付计划，落实偿债保障措施。严禁企业以各种名义要求或接受地方政府及其所属部门为其市场化融资行为提供担保或承担偿债责任，切实做到“谁用谁借、谁借谁还、审慎决策、风险自担”。

二、要紧密围绕推进供给侧结构性改革的方向，着力支持综合经济实力强、国际化经营水平高、风险防控机制健全的大型企业赴境外市场化融资，募集资金重点用于支持创新发展、绿色发展、战略性新兴产业、高端装备制造业以及“一带一路”建设和国际产能合作等。

三、拟举借中长期外债企业要建立健全规范的公司治理结构、管理决策机制和财务管理制度。申报企业拥有的资产应当质量优良、权属清晰，严禁将公立学校、公立医院、公共文化设施、公园、公共广场、机关事业单位办公楼、市政道路、非收费桥梁、非经营性水利设施、非收费管网设施等公益性资产及储备土地使用权计入企业资产。

四、利用外债资金支持的募投项目，要建立市场化的投资回报机制，形成持续稳定、合理可行的财务预期收益。如募投项目取得投资补助、运营补贴、财政贴息等财政资金支持，有关决策程序必须依法合规，必须把地方财政承受能力和中长期财政可持续作为重要约束条件，坚决杜绝脱离当地财力可能进行财政资金支持。

五、拟举借中长期外债企业要统筹考虑汇率、利率、币种及企业资产负债结构等因素，灵活运用货币互换、利率互换、远期外汇买卖、期权、掉期等金融产品，稳妥选择融资工具，合理持有外汇头寸，密切关注汇率变动，有效防控外债风险。

六、拟举借中长期外债企业要规范信息披露。在债券募集说明书等文件中，不得披露所在地区财政收支、政府债务数据等可能存在政府信用支持的信息，严禁与政府信用挂钩的误导性宣传，并在相关文件中明确，地方政府作为出资人仅以出资额为限承担责任，相关举借债务由发债企业作为独立法人负责偿还。有关信用评级机构不得将企业信用与地方政府信用挂钩。申报企业应对申请材料的真实性、合规性负责。

七、发展改革部门要切实加大事中事后监管力度，利用社会信用体系建设、大数据预警监测分析等多种创新方式，加强对外债资金使用情况和项目后续建设运营情况的督促检查工作。财政部门对依法合规承接政府投资项目的企业，应当按规定和批准的预算及时拨付资金，不得拖欠。

八、建立健全责任主体信用记录，对涉及地方政府违法违规融资和担保的企业、承销机构、会计师事务所、律师事务所等主体及其主要负责人，加大惩处问责力度，纳入相关领域黑名单和全国信用信息共享平台归集共享，实施跨部门联合惩戒，及时公开通报，并限制相关责任主体新申请或参与外债备案登记工作。

国家发展改革委
财　政　部
2018 年 5 月 11 日

国家发展改革委有关负责人就《国家发展改革委 财政部关于完善市场约束机制 严格防范外债风险和地方债务风险的通知》答记者问

（2018 年 6 月 27 日）

为切实有效防范外债风险和地方政府隐性债务风险，守住不发生系统性风险的底线，近日，国家发展改革委、财政部联合印发了《国家发展改革委 财政部关于完善市场约束机制 严格防范外债风险和地方债务风险的通知》。为准确理解和全面把握《通知》的有关精神，推动《通知》顺利实施，记者采访了国家发展改革委有关负责人。

问：请介绍一下《通知》出台的背景。

答：近两年，我们注意到，部分企业尤其是房地产、地方政府融资平台等企业外债发行规模有所增加。这些企业评级情况参差不齐，有的经营收入和利润不高，自身实力有限，但申请备案登记的外债规模偏大，动辄五六亿美元，甚至高达数十亿美元，申请发债规模与自身实力不相匹配。有的缺乏以项目本身收入偿还贷款的能力。部分企业由于没有外汇收入来源，抵御汇率波动风险能力较弱。

为全面贯彻落实党的十九大和十九届二中、三中全会精神，认真落实中央经济工作会议和全国金融工作会议部署，切实有效防范外债风险和地方政府隐性债务风险，守住不发生系统性风险的底线，国家发展改革委会同财政部对企业特别是地方国有企业的外债风险进行了深入研究，于近期联合印发了《关于完善市场约束机制 严格防范外债风险和地方债务风险的通知》，从完善公司治理结构、强化信息披露、加强监管协作等方面，对下一阶段企业发行中长期外债工作进行了部署。

问：请介绍企业境外发债管理工作的主要情况及下一步工作思路。

答：2015 年 9 月我委发布《关于推进企业发行外债备案登记制管理改革的通知》（以下简称“2044 号文”），实施企业外债备案登记制管理改革，为企业境外发债提供了较大便利，受到市场主体的普遍欢迎。2017 年，企业境外发债 2358 亿美元。2018 年 1—5 月，企业境外发债 992 亿美元，同比基本持平。

目前存在的问题主要包括三个方面：一是境外发债主体结构有待进一步优化，比如地方城投公司评级整体较低，房地产企业境外发债规模增长较快等。二是企业境外发债风险防控需要加强，部分企业自身资信情况一般，外债偿还能力受到关注。三是部门之间外债管理协调配合机制有待完善。

为解决上述问题，需要我们不断改进完善企业境外发债备案登记工作。下一步，我们将会同有关部门，按照“控制总量、优化结构、服务实体、审慎推进、防范风险”的外债管理原则，健全本外币全口径外债和资本流动审慎管理框架体系，合理控制外债总量规模，优化外债结构，有效防范外债风险。一是着力优化外债结构，重点支持一批综合经济实力强、国际化经营水平高、风险防控机制健全的大型企业和金融机构赴境外发债，引导资金投向创新发展、绿色发展、新兴产业、高端制造业以及乡村振兴、京津冀协同发展、长江经济带、“一带一路”建设和国际产能合作等重点领域项目，加大对实体经济的支持力度，有力推进供给侧结构性改革和新旧动能转换，推动经济高质量发展。二是尽快制定《企业发行外债登记管理办法》。在总结外债备案登记两年多来实行效果的基础上，进一步听取地方、企业、金融机构、中介机构等方面的意见建议，明确发债企业资质要求和条件标准，完善备案登记申报方式和办理程序，不搞变相行政审批，防止自由裁量，为企业跨境融资提供更多便利。同时，加强外债信息汇总和事中事后监管，明确违规约束措施，规范备案登记管理。三是规范企业举债有关资质要求和资金投向，加强外债风险预警，出台违规行为惩戒措施，完善市场约束机制。同时，引导规范房地产企业境外发债资金投向，房地产企业境外发债主要用于偿还到期债务，避免产生债务违约，限制房地产企业外债资金投资境内外房地产项目、补充运营资金等，并要求企业提交资金用途承诺。四是督促指导市场主体和中介机构主动加强国际资本市场分析研判，合理配置资产负债，优化币种和久期匹配。引导企业使用货币互换、掉期、远期外汇、期权等衍生产品防范汇率风险，降低债务成本，增强偿付能力。五是完善部门间协同监管机制，主动加强与国家外汇局等部门的沟通协调和信息共享，强化监管统筹。

问：关于加强外债风险防范，《通知》提出了哪些具体要求？

答：一是着力支持综合经济实力强、国际化经营水平高、风险防控机制健全的大型企业赴境外市场化融资。

二是要求拟举借外债企业具有完善的公司治理结构、管理决策机制和财务管理制度，实现实体化运营，同时企业要加强外债的“借、用、还”全过程管理。

三是鼓励企业外债募集资金重点用于支持创新发展、绿色发展、新兴产业、高端制造业以及“一带一路”建设和国际产能合作等。外债资金支持的募投项目，要建立市场化的投资回报机制，形成持续稳定、合理可行的财务预期收益。

四是规范拟举借企业外债信息的披露。在相关文件中，要明确举借债务由发债企业作为独立法人负责偿还。

五是引导拟举借外债企业关注外汇市场变化，灵活运用货币互换、利率互换、远期外汇买卖、期权、掉期等金融产品，合理持有外汇头寸，有效防控外债风险。

六是加强事中事后监管和对违规发债企业、中介机构等主体及其主要负责人的问责力度，实施跨部门联合惩戒，及时公开通报，并限制相关责任主体新申请或参与外债备案登记工作。

问：《通知》下发后还有哪些工作考虑？

答：为确保《通知》能够得到有效贯彻执行，国家发展改革委将着力做好三项工作。一是加强宣传引导，督促有关部门、企业及中介机构按照通知要求做好企业境外发债有关工作。二是加强指导监督，着力提高全国发展改革系统的监管能力。三是加强惩戒处罚力度。我委将会同有关部门加强对企业外债发行领域信用体系建设，将外债发行违规主体和相关责任人纳入信用记录，实施联合惩戒。此外，将对境外发债违规企业及相关中介机构实行“三次警示制度”，根据企业违规次数，分别采取约谈、通报违规行为，以及暂停其外债备案登记或参与发行外债资格等惩戒措施，近期我们已专门发布了新闻稿件对此进行重点解读。

（二）国家发展改革委关于境外发债的窗口指导意见

国家发展改革委《企业境外发债窗口指导意见》

（2015 年 12 月 3 日）

根据“简政放权、放管结合、优化服务”的精神，为有效应对当前经济下行压力，用好境外低成本资金，促投资、稳增长、调结构，我委于 2015 年 9 月印发了《国家发展改革委关于推进企业发行外债备案登记制管理改革的通知》。到目前为止，已登记外债约 410 亿美元，改革激发市场活力的效果明显。下一步，我委将按照“控制总量、优化结构、服务实体、防范风险”的基本原则，完善宏观审慎和微观审慎相结合的外债管理政策框架，稳步推进企业外债登记制改革，建立健全对包括内资企业和外资企业、金融企业和非金融企业、国有企业和非国有企业、境内母体企业和境外分支机构在内的全行业、宽领域、广覆盖的全口径外债监管体系。

近期，我们注意到，某些境外中资金融机构发行外债未按规定事前备案登记。为此，我们提示：企业发行外债应按规定事前申请备案登记、事后及时信息报送，有关律师事务所、承销商等中介机构应配合做好债券发行相关工作。

企业作为外债发行主体，应密切跟踪国际、国内资本市场动态，及时关注经济金融、外债外汇政策走势，提升外债风险管理意识，制定外债风险管理预案，健全外债风险防控机制，进一步优化外债结构，合理控制外债规模与资金成本，确保外债风险可控。

国家发展改革委《企业境外发债风险提示》

（2016 年 5 月 25 日）

近期，有关机构反映，个别企业在境外发行债券未按有关规定事前办理外债备案登记手续。为此，我们对相关承销机构和律师事务所进行了专门约谈，并提示尽快补办手续。

下一步，对于未按规定事前申请备案登记、事后未能及时报送信息的境外发债企业以及相关承销机构、律师事务所等中介机构，将被列入诚信“黑名单”和全国统一信用信息共享交换平台，我委将会同有关部门实行联合惩戒。

此外，我们提醒：企业境外发债应密切关注国际资本市场动态和我国经济金融形势、国际收支状况等，强化外债风险意识，确保外债风险可控。

国家发展改革委《企业境外发行债券风险提示》

（2017 年 6 月 12 日）

2015 年 9 月，我委发布《关于推进企业发行外债备案登记制管理改革的通知》（发改外资〔2015〕2044 号），对企业境外发行债券实施备案登记制。十八届五中全会通过的“十三五”规划纲要中明确要求“统一内外资企业及金融机构外债管理，稳步推进企业外债登记制管理改革”。

近期，我们注意到，中国水务集团有限公司、华南城控股有限公司、明发集团（国际）有限公司、平安不动产有限公司、中国蒙牛乳业有限公司等有关企业发行外债未履行事前备案登记。为此，我们提示，企业发行外债应按 2044 号文规定事前申请备案登记，事后及时报送发行信息，有关律师事务所、承销商等中介机构要切实配合做好债券发行相关工作，上述企业应尽快补办有关备案登记手续。今后工作中，对发行外债不履行备案登记的相关企业，将考虑纳入国家信用信息平台不良信用记录和联合惩戒信息平台。

国家发展改革委约谈违规发行外债的有关企业和中介机构

（2018 年 5 月 18 日）

2015 年 9 月，我委发布《关于推进企业发行外债备案登记制管理改革的通知》（发改外资〔2015〕2044 号），对企业境外发行债券实施备案登记制。

近期，部分企业发行外债未按照 2044 号文有关规定履行事前备案登记手续。我委外资司对 8 家企业及有关承销商、律所等中介机构进行了工作约谈，听取了企业和中介机构关于企业基本情况和外债发行情况的说明，指出了企业发行外债存在的违规之处，并要求企业和中介机构各负其责，遵守 2044 号文事前备案登记要求及境外发债的相关规定，切实做好外债发行相关工作。

我委将继续加强对企业发行外债的监管，建立健全责任主体信用记录，今后工作中，对发行外债不履行事前备案登记手续或存在其他违规行为的相关企业和有关中介机构，将加大问责力度，视严重程度纳入相关领域黑名单和全国信用信息共享平台，及时公开通报，并限制相关责任主体新申请或参与外债备案登记工作。

国家发展改革委有关负责人就企业违规发行外债事宜答记者问

（2018 年 6 月 15 日）

问：近日，我们注意到国家发改委官网发布了约谈 8 家境外发债未备案企业的信息，请介绍主要背景，是否还有进一步措施？

答： 为落实中央“放管服”改革精神，推进企业跨境融资便利化，2015 年 9 月，我委印发《关于推进企业发行外债备案登记制管理改革的通知》（发改外资〔2015〕2044 号），对企业境外发债由审批制改为总规模控制下的备案登记制。党的十八届五中全会也明确要求“统一内外资企业及金融机构外债管理，稳步推进企业外债登记制管理改革，健全本外币全口径外债和资本流动审慎管理框架体系”。

近期，我们发现部分企业发行外债未按规定事前备案登记。为此，我们约谈了部分企业及相关中介机构，指出企业发行外债存在的违规之处，要求企业发行外债严格遵守 2044 号文的相关规定，要求相关中介机构切实负起责任，指导并监督企业履行事先备案登记手续。5 月 18 日，我委官网发布《国家发展改革委约谈违规发行外债的有关企业和中介机构》，将有关约谈情况进行了公告。

为进一步规范市场行为，推动企业依规履行备案登记手续，加强事中事后监管，防控外债风险，我委正在研究制定相关管理办法，拟对境外发债违规企业实行“三次警示”方式：如初次发现企业发行外债有未事先办理备案等违反 2044 号文相关规定的行为，约谈企业和承销商、律所等中介机构，并在我委官网发布相关警示公告；如再次发现违规行为，则在我委官网点名警示违规企业和相关中介机构，通报其违规行为；如第三次发现违规行为，则会同有关部门对有关企业和中介机构进行问责，暂停有关企业的境外发债备案登记和有关中介机构参与发行外债。

国家发展改革委外资司有关负责人就“发展改革委考虑禁止企业发行364天期美元债”有关舆情答记者问

（2018年6月29日）

问：近日，市场传言发展改革委正考虑禁止企业发行364天期美元债，以防范风险。请问发展改革委是否有此计划？

答：据了解，国家发展改革委等国务院有关部门并未考虑禁止企业境外发债，以上传言没有依据。

（三）国家发展改革委关于外债试点地区和试点企业的相关规定

发展改革委部署2016年度四个自贸区所在省市外债规模管理改革试点工作

（2016年5月26日）

近日，发展改革委继续在四个自贸区所在6省市（上海、天津、福建、广东、厦门、深圳）推进2016年度外债规模管理改革试点工作。在外债控制规模内，除中央管理企业（含金融机构）外，辖区内注册的地方企业境外发行债券和借用中长期国际商业贷款，由6省市发展改革委负责出具相关企业借用外债规模登记证明。

国家发展改革委鼓励试点省市辖区内企业境内母公司直接发行外债，并根据实际需要回流境内结汇使用，主要用于支持“一带一路”等国家重大战略规划和重点领域投资。

国家发展改革委要求试点省市：一是应进一步加强本地区外债风险管理工作，督促有关企业制定外债风险防控预案，做好对汇率、利率变动敏感性分析，合理选择金融创新工具对冲外债风险，并对外债风险进行系统化、规范化管理。在控制外债规模的前提下，优化外债结构投向，切实有效防范和化解外债风险。二是地方发展改革委会同当地有关金融监管部门制定外债规模管理改革试点的工作方案和实施细则，做好统筹协调，加强事中事后监管。三是改革试点工作中出现的新情况、新问题，及时向国家发展改革委报告。

国家发展改革委《关于2016年外债管理改革试点省市规模安排的批复》

（发改外资〔2016〕1139号，2016年5月）

上海市、天津市、福建省、广东省、厦门市、深圳市发展改革委：

你们关于申请外债规模管理改革试点的请示收悉。经研究，现批复如下：

一、原则同意在上海、天津、福建、广东、厦门、深圳试行外债规模管理改革。在我委核定的外债控制规模内，除中央管理企业（含金融机构）外，6省市发展改革委负责对辖区内注册的地方企业境外发行债券和借用中长期国际商业贷款出具《企业发行外债备案登记证明》，同时抄送我委（外资司）备案。

二、核定2016年度外债控制规模分别为：上海市40亿美元、天津市40亿美元、福建省20亿美元、广东省20亿美元、厦门市20亿美元、深圳市40亿美元（等值本外币）。外债规模有效期为2016年12月底，过期自动失效。如该规模不足，可在今年10月底前根据实际需求申请调增。

三、外债资金主要用于支持“一带一路”等国家重大战略规划和重点领域投资。鼓励企业外债资金根据实际需要回流境内并结汇使用。企业凭发展改革部门备案登记证明按规定到有关部门办理外债登记和回流结汇等相关手续。

四、试点省市应进一步加强本地区外债风险管理工作，督促有关企业制定外债风险防控预案，做好对汇率、利率变动敏感性分析，合理选择金融创新工具对冲外债风险，并对外债风险进行系统化、规范化管理。在控制外债规模的前提下，优化外债结构投向，切实有效防范和化解外债风险。

五、请试点省市发展改革委会同当地有关金融监管部门制定外债规模管理改革试点的工作方案和实施细则，做好统筹协调，加强事中事后监管。改革试点过程中的新情况、新问题，请及时向我委报告。

国家发展改革委

2016年5月26日

国家发展改革委部署2016年度企业外债规模管理改革试点工作

（2016年5月27日）

近日，发展改革委选择21家企业开展2016年度外债规模管理改革试点。根据试点工作要求，试点企业在年度外债规模内，可自主选择发行窗口，分期分批发行，不再进行事前登记，待发行完成后及时报送发行信息。

发展改革委鼓励试点企业境内母公司直接发行外债，适当控制海外分支机构和子公司发行外债。鼓励外债资金回流结汇，由企业根据需要在境内外自主调配使用，主要用于“一带一路”、京津冀协同发展、长江经济带等国家重大战略规划和城镇化、战略性新兴产业、“双创”、高端装备制造业、互联网+、绿色发展等重点领域，扩大有效投资。其中，金融机构发行外债应加大对实体经济的支持力度，促进金融资本与产业资本融合发展，助推产业转型升级和供给侧结构性改革，控制外债资金在金融体系内部交叉投资、自我循环。

发展改革委明确要求试点企业，一是应密切跟踪国际国内资本市场变化情况，关注国家经济金融形势、国际收支状况、跨境资本流动和外债外汇政策调整，强化外债风险管理意识，制定外债风险防控方案；二是明确外债风险管理责任，健全外债风险管理决策、授权和监督机制，将外债风险管理贯穿外债借、用、还全过程；三是统筹考虑汇率、利率、币种及企业资产负债结构等因素，适当运用货币互换、利率互换、远期外汇买卖、期权、掉期等金融衍生产品，审慎选择融资工具，合理持有外汇头寸，有效控制风险敞口，确保外债风险控制在自身可承受范围内。

国家发展改革委《关于2016年度企业外债规模管理改革试点的批复》

（发改外资〔2016〕1153号，2016年5月）

有关试点企业，海南省、四川省、深圳市发展改革委：

关于2016年度企业外债规模管理改革试点的申请材料均悉。经研究，现批复如下：

一、试点企业2016年外债规模详见附表（其中含2016年以来已经我委登记的外债规模）。外债规模有效期至2016年12月31日止，过期自动失效。如外债规模不足，可根据实际需要，于今年10月15日前申请调增一次。

二、本批复所称外债，是指试点企业及其控制的境外企业或分支机构向境外举借的1年期以上债务性融资工具，包括境外发行债券（含高级债、永续债、资本债、可转债、优先股、中期票据等）、存款证、商业票据以及借用国际商业贷款等。

三、在我委安排的2016年度外债规模内，每笔境外债券发行完成7个工作日内请向我委报送发行信息。试点企业2016年外债规模实际使用情况，将作为以后年度我委安排外债规模的重要参考。

四、鼓励试点企业境内母公司直接发行外债，适当控制海外分支机构和子公司发行外债。外债资金应主要用于"一带一路"、京津冀协同发展、长江经济带等国家重大战略规划和城镇化、战略性新兴产业、"双创"、高端装备制造业、互联网+、绿色发展等重点领域，扩大有效投资。金融机构发行外债应加大对实体经济的支持力度，促进金融资本与产业资本融合发展，助推产业转型升级和供给侧结构性改革，控制外债资金在金融体系内部交叉投资、自我循环。

五、试点企业应密切跟踪国际国内资本市场变化情况，关注国家经济金融形势、国际收支状况、跨境资本流动和外债外汇政策调整，强化外债风险管理意识，制定外债风险防控方案；明确外债风险管理责任，健全外债风险管理决策、授权和监督机制，将外债风险管理贯穿外债借、用、还全过程，确保外债风险控制在自身可承受范围内。

六、试点企业应制定外债发行总体计划，统筹考虑汇率、利率、币种及企业资产负债结构等因素，适当运用货币互换、利率互换、远期外汇买卖、期权、掉期等金融衍生产品。审慎选择融资工具，合理持有外汇头寸，有效控制风险敞口，推动境内母体企业与境外分支机构、人民币外债与外币外债、短期外债与中长期外债、内债与外债相匹配，保持外债合理水平。

七、相关省市发展改革委应会同当地金融监管部门，加强对当地试点企业外债发行情况的统计和监测，做好外债风险分析，及时向我委报送试点过程中出现的新情况、新问题，有效防范和化解地方外债风险。

附件：2016年度试点企业外债规模安排基本情况表（略）

国家发展改革委
2016年5月27日

国家发展改革委《关于2017年度外债规模管理改革试点企业（第一批）的批复》

（发改外资〔2017〕60号，2017年1月）

有关试点企业：

你单位关于2017年度企业外债规模管理改革试点的申请材料收悉。经研究，现批复如下：

一、按照“综合经济实力强、国际化经营水平高、资信状况良好、风险防控机制健全”的试点要求，综合考虑2017年外债总规模、企业资质和外债需求以及募集资金投向等因素，确定2017年度外债规模管理改革第一批试点企业。

二、本批复所称外债，是指试点企业及其控制的境外企业或分支机构向境外举借的1年期以上债务性融资工具，包括境外发行债券（含高级债、永续债、资本债、可转债、优先股、中期票据等）及借用国际商业贷款等。

三、试点企业2017年度外债规模详见附件，外债规模有效期至2018年3月31日止。外债规模由总行或总公司统一安排使用。如外债规模不足，可根据实际需要，最晚于2017年9月30日前申请增加。

四、在我委安排的2017年度外债规模内，每笔境外债券发行完成20个工作日内请向我委报送发行基本信息。试点企业2017年外债规模实际使用情况，将作为今后年度我委安排外债规模的重要参考。

五、试点企业外债资金应重点支持“一带一路”建设、国际产能合作、带动国内产品和装备出口、引进国外先进技术和装备等。金融机构外债资金应加大对实体经济的支持力度。促进金融资本与产业资本相结合，助推产业转型升级和供给侧结构性改革。

六、试点企业应密切跟踪国际国内资本市场变化情况，关注国家经济金融形势、国际收支状况、跨境资本流动和外债外汇政策调整，强化外债风险管理意识，制定外债风险防控方案；明确外债风险管理责任，健全外债风险管理决策、授权和监督机制，将外债风险管理贯穿外债借、用、还全过程，确保外债规模控制在合理水平。

七、试点企业应制定借用外债总体计划，统筹考虑汇率、利率、币种及企业资产负债结构等因素，灵活运用货币互换、利率互换、远期外汇买卖、期权、掉期等金融产品，稳妥选择融资工具，合理持有外汇头寸，保持境内母公司外债与境外分支结构外债、人民币外债与外币外债、短期外债与中长期外债、内债与外债合理比例，有效防控外债风险。

附件：2017 年度试点企业（第一批）外债规模表（略）

国家发展改革委
2017 年 1 月 8 日

国家发展改革委《关于2017年度外债规模管理改革试点企业（第二批）的批复》

（发改外资〔2017〕560号，2017年3月）

有关试点企业：

你们报来关于2017年度企业外债规模管理改革试点的申请材料收悉。经研究，现批复如下。

一、按照“综合经济实力强、国际化经营水平高、资信状况良好、风险防控机制健全”的试点要求，综合考虑2017年外债总规模、企业资质和外债需求以及募集资金投向等因素，你们被确定为2017年度外债规模管理改革第二批试点企业。

二、本批复所称外债，是指试点企业及其控制的境外企业或分支机构向境外举借的1年期以上债务性融资工具，包括境外发行债券（含高级债、永续债、资本债、可转债、优先股、中期票据等）及借用国际商业贷款等。

三、试点企业2017年度外债规模详见附件1，外债规模有效期至2018年3月31日止。外债规模由总行或总公司统一安排使用。如外债规模不足，可根据实际需要，最晚于2017年11月30日前申请增加。

四、在我委安排的2017年度外债规模内，请在每笔外债借用后20个工作日内向我委报送企业借用外债信息报送表（见附件2）。

五、试点企业外债资金应重点支持“一带一路”建设、国际产能合作、带动国内产品和装备出口、引进国外先进技术和装备等。金融机构外债资金应加大对实体经济的支持力度，促进金融资本与产业资本相结合，助推产业转型升级和供给侧结构性改革。

六、试点企业应密切跟踪国际国内资本市场变化情况，关注国家经济金融形势、国际收支状况、跨境资本流动和外债外汇政策调整，强化外债风险管理意识，制定外债风险防控方案；明确外债风险管理责任，健全外债风险管理决策、授权和监督机制，将外债风险管理贯穿外债借、用、还全过程，确保外债规模控制在合理水平。

七、试点企业应制订借用外债总体计划，统筹考虑汇率、利率、币种及企业资产负债结构等因素，灵活运用货币互换、利率互换、远期外汇买卖、期权、掉期等金融产品，稳妥选择融资工具，合理持有外汇头寸，保持境内母公司外债与境外分支结构外债、人民币外债与外币外债、短期外债与中长期外债、内债与外债合理比例，有效防控外债风险。

附件：1. 2017 年度外债规模管理改革试点企业（第二批）外债规模（略）
　　　2. 企业借用外债信息报送表（略）

国家发展改革委
2017 年 3 月 22 日

国家发展改革委《关于2018年度外债规模管理企业外债规模的批复》

（发改外资〔2018〕307号，2018年2月）

各有关企业：

你们单位关于2018年度外债规模管理企业的申请材料收悉。经研究，现批复如下。

一、按照“综合经济实力强、国际化经营水平高、资信状况良好、风险防控机制健全”的要求，综合考虑2017年外债规模管理改革试点执行情况、2018年外债总规模以及外债形势，国家发展改革委安排22家外债规模管理企业2018年度外债规模见附件1。

二、本批复所称外债，是指外债规模管理企业及其控制的境外企业或分支机构向境外举借的1年期以上债务性融资工具，包括境外发行债券（含高级债、永续债、资本债、可转债、优先股、中期票据）及借用国际商业贷款等。

三、外债规模管理企业2018年度外债规模由总行或总公司统一安排使用，有效期至2019年3月31日止。如外债规模不足，可根据实际需要，最晚于2018年11月30日前申请增加。

四、请外债规模管理企业在每笔外债借用后10个工作日内向我委报送企业借用外债信息报送表（见附件2）。

五、外债规模管理企业外债资金应重点支持“一带一路”建设、国际产能合作、带动国内产品和装备出口、引进国外先进技术和装备等。金融机构外债资金应加大对实体经济的支持力度。促进金融资本与产业资本相结合，助推产业转型升级和供给侧结构性改革。

六、外债规模管理企业应密切跟踪国际国内资本市场变化情况，关注国家经济金融形势、国际收支状况、跨境资本流动和外债外汇政策调整，强化外债风险管理意识，制定外债风险防控方案；明确外债风险管理责任，健全外债风险管理决策、授权和监督机制，将外债风险管理贯穿外债借、用、还全过程，确保外债规模控制在合理水平。

七、外债规模管理企业应制订借用外债总体计划，统筹考虑汇率、利率、币种及企业资产负债结构等因素，灵活运用货币互换、利率互换、远期外汇买卖、期权、掉期等金融产品，稳妥选择融资工具，合理持有外汇头寸，保持境内母公司外债与境外分支结构外债、人民币外债与外币外债、短期外债与中长期外债、内债与外债合理比例，有效防控外债风险。

附件：1. 2018 年度外债规模管理企业外债规模（略）

2. 企业借用外债信息报送表（略）

国家发展改革委

2018 年 2 月 9 日

第三部分

地方发展改革委关于境外发债的相关规定

广东省发展改革委《外债规模管理改革试点暂行办法》

（粤发改外资〔2016〕670 号，2016 年 11 月）

第一章　总　　则

第一条　为有序推进外债管理改革试点工作，进一步发挥国际资本市场低成本资金在促进国内实体经济发展和企业对外经济合作的积极作用，根据《国家发展改革委关于推进企业发行外债备案登记制度管理改革的通知》（发改外资〔2015〕2044 号）和《国家发展改革委关于 2016 年外债管理改革试点省市规模安排的批复》（发改外资〔2016〕1139 号）等文件精神，参照外债管理有关规定，制定本办法。

第二条　本办法适用于广东省（不含深圳市，下同）辖区内注册的境内企业及其控制的境外企业或分支机构向境外举借的、以本币或外币计价、按约定还本付息的 1 年期以上债务工具，包括境外发行债券和借用中长期国际商业贷款等。

本办法适用的对象不包括中央管理企业（含金融机构）及其地方分支机构。

第三条　在国家发展改革委的试点范围和规模安排内，广东省发展改革委负责对广东省辖区内注册的境内企业及其控制的境外企业或分支机构在境外发行债券和借用中长期国际商业贷款实行备案登记管理，并抄报国家发展改革委（外资司）备案。

第四条　外债备案登记是国家发展改革委委托试点省份发展改革部门办理的事项。

第五条　企业境外发行债券和借用中长期国际商业贷款的偿还义务和风险，由债务人、担保人、债权人自行承担。

第二章　外债规模和用途

第六条　广东省发展改革委在每年年初提出本年度外债规模需求上报国家发展改革委核定。其中，国家发展改革委已核定广东省 2016 年外债规模 20 亿美元（等值本外币），有效期至 2016 年 12 月底，过期自动失效。

第七条　外债规模按照总量控制、先到先得的原则实行透明管理。当备案登记申请规模超过国家发展改革委核定的规模额度时，广东省发展改革委将向社会公告，暂停受理备案登记，并根据实际情况及需要向国家发展改革委申请调增规模。

第八条　外债资金主要用于支持“一带一路”等国家重大战略规划、国际产能和装备制造合作等重点领域投资和促进国内实体经济发展，包括企业实施国家鼓励的境外投资项目、引进国际先进设备和技术、建设重大基础设施项目、开展国际融资租赁等国家允许借用外债实施的事项。

第九条 企业募集的外债资金可自主决策在境内外使用，鼓励企业外债资金根据实际需要回流境内并结汇使用。

第三章 备案条件和程序

第十条 企业发行外债应符合以下基本条件：信用记录良好，已发行债券或其他债务未处于违约状态；具有良好的公司治理和外债风险防控机制；资信情况良好，具有较强的偿债能力。

第十一条 企业发行外债应向注册地所在的地级以上市发展改革部门提交备案登记申请报告，由地级以上发展改革部门书面转报省发展改革委；省属企业由集团公司或总公司向省发展改革委直接报送备案登记申请报告。申请主体应对所提交的报告及附件的真实性、合法性和完整性负责。

第十二条 外债备案登记申请报告应包括以下内容：

（一）相关各方（包括发行人、借款人、境外资金提供人或发行市场等相关各方）的基本情况及前期工作开展情况；

（二）借用外债方式及工作方案，包括币种、规模、利率、期限、募集资金用途及回流情况、时间进度安排等；

（三）拟使用外债资金的项目基本情况；

（四）企业偿债能力、担保责任、评级计划、还本付息资金来源和还款计划的说明；

（五）企业资信情况说明，包括已发行债券或其他债务的履约和偿还情况，以及外债借用历史记录和执行情况等；

（六）外债风险分析和防控措施预案。

第十三条 企业提交申请报告应附以下附件（加盖公章复印件）：

（一）企业工商营业执照；

（二）公司董事会或股东会相关决议；

（三）近三年财务审计报告；

（四）与境外资金提供方签订的协议或意向性文件；

（五）资金投向项目的核准或备案文件；

（六）国内外信用评级或认证机构出具的报告。

第十四条 广东省发展改革委在收到备案登记申请后5个工作日决定是否予以受理。在外债规模限额以内的，广东省发展改革委将在自受理之日起7个工作日内出具《企业发行外债备案登记证明》（附件1），抄报国家发展改革委（外资司）。对于申请材料不齐全或不符合要求的，广东省发展改革委将一次性告知申请企业予以补正或书面说明不予受理理由。

第十五条 外债发行人凭备案登记证明按规定办理外债资金流出流入等有关手续。

第十六条　企业完成备案登记手续后，须在每期发行外债结束后10个工作日内，向广东省发展改革委报送《企业发行外债信息报送表》（附件2）。企业发行外债实际情况与备案登记情况差异较大时，应在信息报告予以说明。外债资金应当严格按照申报用途合理使用，不得挪作他用。

第四章　风险防控与监管

第十七条　企业发行外债要切实制定风险防控预案，做好对汇率、利率变动敏感性分析，合理选择金融创新工具对冲外债风险，并对外债风险进行系统化、规范化管理。

第十八条　广东省发展改革委会同人民银行广州分行、国家外汇管理局广东省分局、广东银监局等监管部门建立本地区外债风险监测指标体系，进一步加强统筹协调和信息共享，切实做好事中事后监管，有效防范和化解外债风险。其中，广东省发展改革委应在控制外债规模的前提下，引导优化资金投向，并在每年年底前向国家发展改革委报送本年度外债适用基本情况和申报下一年度规模；国家外汇管理局广东省分局负责外债统计监测和管理分析等相关工作；广东银监局负责对银行业金融机构涉及外债业务活动的监督管理工作。

第十九条　对于恶意虚报外债备案登记规模或不按申报用途使用外债资金的企业，有关部门将其不良信用记录纳入信用信息共享平台并依法予以惩戒。对于取得备案登记证明后未实施或没有按要求报送信息的企业，广东省发展改革委两年内不再受理其外债备案登记申请。

第五章　附　　则

第二十条　广东省在开展外债备案管理试点过程中，主动接受国家发展改革委的指导。当国家政策或者管理体制发生重要变化时，经国家发展改革委批准，广东省发展改革委可对外债备案管理改革试点的内容和管理口径进行调整。

第二十一条　广东省发展改革委应按照外债管理改革试点的有关要求，积极推动简政放权，不断推进改革创新，坚决杜绝以备案登记名义进行变相审批。各有关单位和企业在开展相关工作的过程中遇到的重大问题和情况，请及时向广东省发展改革委反映。

第二十二条　本办法由广东省发展改革委负责解释。

第二十三条　本办法有效期三年，自2016年11月1日起施行，广东省发展改革委于2015年10月以粤发改外资〔2015〕621号文件印发的《借用中长期国际商业贷款管理试点暂行办法》同时废止。

附件：1. 企业发行外债备案登记证明（略）

　　　2. 企业发行外债信息报送表（略）

深圳市发展改革委《关于做好我市外债备案登记制管理改革相关工作的通知》

（深发改函〔2016〕1648号，2016年6月）

各有关单位：

根据《国家发展改革委关于2016年外债管理改革试点省市规模安排的批复》（发改外资〔2016〕1139号）、《国家发展改革委关于推进企业发行外债备案登记制管理改革的通知》（发改外资〔2015〕2044号）和《深圳市借用中长期国际商业贷款切块管理试点暂行办法》（深发改〔2015〕701号）文件精神，为统筹考虑企业借用外债的需要，响应国家简政放权要求，减轻企业负担，做好我市外债备案登记制管理改革相关工作，现将相关事项通知如下：

一、本通知所指的外债，是指注册于我市的企业及其控制的境外企业或分支机构向境外举借的、以本币或外币计价、按约定还本付息的1年期以上债务工具，包括境外发行债券和借用中长期国际商业贷款。

二、在国家发展改革委批复的外债规模内，深圳市发展改革委（以下简称市发改委）负责对我市企业［除中央管理企业（含金融机构）外］境外发行债券和借用中长期国际商业贷款进行备案登记，并报国家发展改革委备案。借用外债的偿还义务和风险由债务人、担保人、债权人等自行承担。

三、为统筹考虑各企业的实际需求，企业应在每年11月向市发改委预报下一年外债额度借用计划，并可在每年6月对当年计划进行调整。市发改委在收到正式备案登记申请后3个工作日内决定是否予以受理，自受理之日起7个工作日内出具《企业发行外债备案登记证明》（附件1）。

四、外债资金主要用于支持“一带一路”等国家重大战略规划和重点领域投资，支持企业开展对外投资合作，引进先进技术和设备，鼓励企业外债资金根据实际需要回流境内并结汇使用。

五、企业发行外债应符合以下基本条件：信用记录良好，已发行债券或其他债务未处于违约状态，具有良好的公司治理和外债风险防控机制。资信情况良好，具有较强的偿债能力。

六、在国家发展改革委授权的额度范围内，市发改委优先支持获得三大国际评级机构（惠誉、标普、穆迪）认定的投资级别评级企业。未获投资级别评级企业借用中长期国际商业贷款，原则上应通过国内银行转贷款方式进行外债备案登记。

七、企业应通过深圳市行政服务大厅提交外债备案登记申请报告，申请报告应包括以下内容：

（一）申请人和相关方基本情况；
（二）申请人历史借用外债及资金使用情况；
（三）申请借用外债规模、币种、利率、期限及资金回流情况；
（四）外债资金用途情况；
（五）申请人偿债能力、资信情况、偿债资金来源及还款计划；
（六）其他有必要说明的事项。
企业应同时提交以下附件（复印件加盖公章）：
（一）营业执照；
（二）公司章程；
（三）董事会决议（或股东会决议）；
（四）最近一年审计报告和最新一期财务报表；
（五）资金用途相关的合作协议或意向性文件；
（六）国外信用评级证书（境外发债）；
（七）国内银行同意转贷证明（通过转贷借用中长期国际商业贷款）；
（八）深圳市公共信用中心出具的企业信用信息报告和人民银行出具的信用报告；
（九）其他必要文件。

八、申请企业应制定外债风险防控预案，做好对汇率、利率变动敏感性分析，合理选择金融创新工具对冲外债风险，并对外债风险进行系统化、规范化管理。

九、企业凭备案登记证明文件按规定到有关部门办理外债登记和回流结汇等相关手续。

十、企业完成备案登记手续发行外债，须在每期发行结束后10个工作日内，向市发改委报送发行信息（附件2）。

十一、申请企业应对申请材料及信息的真实性、合法性和完整性负责。企业发行外债实际情况与备案登记情况差异较大时，应在信息报送时予以说明。对于恶意虚报外债备案登记规模的企业，市发改委将其不良信用记录纳入深圳市公共信用信息管理平台。

十二、我市作为外债规模管理改革试点城市，将按照国家要求积极推动简政放权，不断推进改革创新。市发改委将会同有关部门密切关注我市企业外债发行情况，及时了解有关动态，各企业在外债额度备案登记申请和执行过程中，有重大问题应及时向市发改委报告。

十三、本通知自发布之日起实施。

特此通知。

附件：1. 企业发行外债备案登记证明（格式）（略）
2. 企业发行外债信息报送表（略）

深圳市发展和改革委员会
2016年6月29日

福建省发展改革委《关于转发国家发展改革委推进企业发行外债备案登记制管理改革的通知》

（闽发改外经〔2015〕649 号，2015 年 9 月）

各有关单位：

为推进企业发行外债管理改革，促进跨境融资便利化，支持实体经济发展，国家发展改革委近日印发了《关于推进企业发行外债备案登记制管理改革的通知》（发改外资〔2015〕2044 号），现转发给你们，并就有关事项通知如下：

一、支持重点领域和产业转型升级。鼓励资信状况好、偿债能力强的企业发行外债（包括境外发行债券、借用中长期国际商业贷款等），引导外债资金投向国家鼓励的重点行业、重点领域、重大项目，有效支持实体经济发展。募集资金根据实际需要自主在境内外使用，优先用于支持“一带一路”、国际产能和装备制造合作等重大工程建设和重点领域投资。

二、简化企业发行外债管理方式。根据通知要求，取消《福建省借用中长期国际商业贷款管理试点暂行办法》（闽发改外经〔2015〕491 号）中关于企业发行外债额度审批的规定，实行备案登记制。在我省外债规模切块范围内，省内企业和金融机构发行外债须事前向省发改委提出备案登记申请。

企业发行外债提交的备案登记材料包括：发行外债的申请报告与发行方案，包括外债币种、规模、利率、期限、募集资金用途及资金回流情况等。省发改委在收到备案登记申请后 3 个工作日内决定是否予以受理，自受理之日起 5 个工作日内，在外债切块规模内出具《企业发行外债备案登记证明》。外债发行人凭备案登记证明按规定办理外债资金流出流入等有关手续，并在每期发行结束后 10 个工作日内向省发改委报送发行信息。

三、加强监管，防范风险。企业发行外债实际情况与备案登记情况差异较大时，应在信息报送时予以说明。对于恶意虚报外债备案登记规模的企业，将其不良信用记录纳入信用信息平台。省发改委将会同有关部门密切关注我省企业发行外债情况，及时了解有关动态，并逐步建立我省外债风险监测指标体系。

福建省发展和改革委员会

2015 年 9 月 23 日

厦门市发展改革委《关于贯彻落实国家发展改革委推进企业发行外债备案登记制管理改革的通知》

（厦发改投资〔2015〕1033号，2015年12月）

各有关单位：

根据《国家发展改革委关于推进企业发行外债备案登记制管理改革的通知》（发改外资〔2015〕2044号，详见附件1）精神，结合《厦门市借用中长期国际商业贷款切块管理试点暂行办法》（厦发改投资〔2015〕476号，以下简称《办法》）的有关规定，为进一步简化借用中长期国际商业贷款相关手续，现就有关事项补充通知如下：

一、取消借用中长期国际商业贷款的额度审批，实行备案登记制管理。

二、本市境内机构借用中长期国际商业贷款，须事前向厦门市发展改革委申请办理额度备案登记手续。具体办理要求如下：

1. 申请备案登记应提交以下材料：

（1）申请报告。主要内容包括：借款人基本情况、境外贷款方基本情况、其他相关各方基本情况，借款项目审批或备案情况、项目规模、建设期、主要建设内容，其他需要说明的有关情况。

（2）贷款方案。主要内容包括：币种、规模、利率、期限、资金用途及资金回流情况等。

贷款申请人应对申请材料及信息的真实性、合法性和完整性负责。

2. 厦门市发展改革委在收到备案登记申请后5个工作日内决定是否予以受理，自受理之日起7个工作日内，在中长期国际商业贷款切块总规模限额内出具《企业发行外债备案登记证明》（详见附件2）。本市境内机构凭备案登记证明按规定办理外债资金流出流入等有关手续。

3. 当全市已备案中长期国际商业贷款总规模超出国家发改委切块规模限额时，厦门市发展改革委将向社会公告，同时不再受理备案登记申请。

三、本市境内机构在中长期国际商业贷款提款使用后10个工作日内，按附件3格式向厦门市发展改革委报送发行信息。实际使用情况与备案登记情况差异较大时，应在信息报送时予以说明。

四、对于恶意虚报外债备案登记规模的企业，厦门市发展改革委将其不良记录纳入厦门市社会信用信息平台，并报送国家发展改革委纳入国家信用信息平台。

五、本市企业境外发行债券按照发改外资〔2015〕2044号文要求报国家发改委备案。

附件：1.《国家发展改革委关于推进企业发行外债备案登记制管理改革的通知》（略）
2. 企业发行外债备案登记证明（格式）（略）
3. 企业发行外债信息报送表（略）

厦门市发展改革委
2015 年 12 月 18 日

厦门市发展改革委《关于 2016 年外债管理改革试点有关工作的通知》

（厦发改投资〔2016〕436 号，2016 年 6 月）

各有关单位：

为推进 2016 年外债管理改革试点工作，国家发展改革委近日印发《关于 2016 年外债管理改革试点省市规模安排的批复》（发改外资〔2016〕1139 号），现就有关事项通知如下：

一、国家发改委核定我市 2016 年度外债控制规模为 20 亿美元。在该规模内，由我委负责对我市注册的企业境外发行债券和借用中长期国际商业贷款出具《企业发行外债备案登记证明》。

二、外债资金主要支持“一带一路”等国家重大战略规划和重点领域投资，用于生产经营性项目引进先进设备、技术，以及国家鼓励的境外投资项目等。募集资金可根据实际需要回流境内并结汇使用。企业凭备案登记证明按规定到有关部门办理外债登记和回流结汇等相关手续。

三、我委将会同有关部门做好我市外债风险管理工作，切实有效防范和化解外债风险。

附件：《国家发展改革委关于 2016 年外债管理改革试点省市规模安排的批复》（发改外资〔2016〕1139 号）（略）

厦门市发展和改革委员会

2016 年 6 月 23 日

重庆市发展改革委《关于企业发行外债相关事项的通知》

（渝发改外〔2016〕458 号，2016 年 4 月）

市级有关部门，各区县发展改革委，有关单位：

为加快将我市建设成为全国重要的功能性金融中心，进一步发挥国际资本市场低成本资金在促投资、稳增长方面的积极作用，促进跨境融资便利化，根据《国家发展改革委关于推进企业发行外债备案登记制管理改革的通知》（发改外资〔2015〕2044 号）和《国家发展改革委关于重庆市外债规模管理改革试点的批复》（发改外资〔2016〕483 号）文件精神，现将我市企业发行外债相关事项通知如下：

一、本通知所称外债，是指在渝注册地方企业（不含中央管理企业）及其控制的境外企业或分支机构向境外举借的以本币或外币计价、按约定还本付息的 1 年期以上债务工具，包括境外发行债券、中长期商业贷款等。

二、市发展改革委在国家发展改革委授权额度内对市内企业借用中长期外债进行规模管理，实行备案制度。

三、企业发行外债应符合以下基本条件：信用记录良好，已发行债券或其他债务未处于违约状态；具有良好的公司治理和外债风险防控机制；资信状况好，具有较强偿债能力。

四、境外发行本外币债券提交的备案登记申报材料包括：

（一）企业发行债券的申请报告（包含债券发行方案、拟发债规模、期限及募集资金用途等，详见附件 1）；

（二）发行人最近一年的财务报告及审计报告；

（三）《企业法人营业执照》复印件；

（四）要求提供的其他文件或材料。

五、借用中长期国际商业贷款提交的备案登记申报材料包括：

（一）企业借用中长期国际商业贷款的申请报告（包括规模、利率、借款项目基本情况等，详见附件 2）；

（二）境外机构出具的贷款协议、贷款承诺函或具有相同法律效力的文件；

（三）借款人最近一年的财务报告及审计报告；

（四）《企业法人营业执照》复印件；

（五）要求提供的其他文件或材料。

六、市发展改革委在收到备案登记申请后 2 个工作日内决定是否予以受理，自受理之日起 7 个工作日内，在国家发展改革委授权额度内出具《重庆市企业发行外债备案登记证明》。在年度授权额度之外，仍按现行相关规定执行。外债发行人凭备案登记证明按规定到有关部门办理外债登记和回流、结汇等相关手续。

七、在外债发行结束10个工作日内，发行人需向市发展改革委报送发行信息，包括发行外债基本情况、资金回流及使用情况等。

八、企业应对申请材料及信息的真实性、合法性和完整性负责。企业所借外债应当严格按照申报用途合理使用，不得挪作他用。企业未能在《重庆市企业发行外债备案登记证明》有效期内完成发行外债造成备案登记证明文件失效的，需相应修改申报材料相关内容后，按规定再次申报新的额度。

九、为推动我市境外融资市场诚信建设，对发行主体及金融机构、承销商、律师事务所、会计师事务所等服务机构建立诚信档案，对恶意占用外债规模、提供虚假信息的，将有关不良信息记入诚信档案。

十、市发展改革委对每年拟发行外债项目建立项目储备库，统筹平衡、滚动实施。

十一、市发展改革委会同人行重庆营管部、重庆外汇管理部做好信息共享和事中事后监管，重要事项及时向国家发展改革委报告。

特此通知。

附件：1. 重庆市企业境外发行债券申请报告参考大纲（略）

2. 重庆市企业借用中长期国际商业贷款申请报告参考大纲（略）

重庆市发改委

2016年4月19日

重庆市发展改革委《关于印发〈重庆市外债规模管理改革试点暂行办法〉的通知》

（渝发改外〔2017〕95号，2017年1月）

市级有关部门，各区县（自治县）发展改革委，有关单位：

为促进跨境融资便利化，根据《国家发展改革委关于推进企业发行外债备案登记制管理改革的通知》（发改外资〔2015〕2044号），我委制定了《重庆市外债规模管理改革试点暂行办法》，现印发给你们，涉及有关工作请遵照执行。

重庆市发展和改革委员会
2017年1月17日

重庆市外债规模管理改革试点暂行办法

第一章　总　　则

第一条　为促进跨境融资便利化，根据《国家发展改革委关于推进企业发行外债备案登记制管理改革的通知》（发改外资〔2015〕2044号）及国家有关外债管理规定，制定本暂行办法。

第二条　本办法适用于在渝注册地方企业（中央管理企业外）及其控制的境外企业或分支机构发行外债。

第三条　本办法所涉及的外债，是指企业向境外举借的、以本币或外币计价、按约定还本付息的1年期以上债务工具，包括境外发行本外币债券、中长期商业贷款等。

第四条　企业发行外债应符合以下基本条件：信用记录良好，已发行债券或其他债务未处于违约状态；具有良好的公司治理和外债风险防控机制；具有较强偿债能力。

第五条　企业发行外债，应根据国家政策结合我市经济社会发展需要，重点用于支持“一带一路”、长江经济带、中新（重庆）战略性互联互通示范项目、国际产能和装备制造合作等重大工程建设和重点领域投资，重点用于支持重大基础设施建设、重点民生实事和产业转型升级，不得投向国家法律法规、国务院专门规定以及《重庆市产业投资禁投清单》明确禁止投资的行业。

第六条　企业发行外债属企业市场行为，由企业自主决策，自担风险。外债的偿还义务和风险由债务人、担保人以及债权人等自行承担。

第二章　企业发行外债办理程序

第七条　市发展改革委在国家发展改革委年度授权额度范围内对企业发行外债规模实行备案登记管理。在年度授权额度范围之外，仍按《国家发展改革委关于推进企业发行外债备案登记制管理改革的通知》（发改外资〔2015〕2044号）有关管理规定执行。

第八条　拟发行外债的企业，应报送一式2份外债登记申请材料，包括发行外债申请文件、申请报告和重庆市企业发行外债承诺书（附件1）。其中，境外发行本外币债券申请报告应包含发行人基本情况、债券发行方案、债券发行计划、偿债保障措施、外债风险防控预案等（详见附件2），并附送营业执照副本（复印件）、企业法人代表身份证（复印件）和企业决定发行债券的决策性文件，境外发行公募债券还需提交发行人或债券增信方国际主体评级报告；借用中长期国际商业贷款申请报告应包括相关各方概况、贷款方案、资金投向、偿债保障措施、外债风险防控预案等（详见附件3），并附送营业执照副本（复印件）、企业法人代表身份证（复印件）和境外机构出具的贷款协议、贷款承诺函或具有相同法律效力的文件。

国有企业发行外债需符合市、区（县）国有资产管理有关规定，并提供同级国有资产管理部门出具的意见，包括对企业经营、负债总体状况的评估性结论，对企业境外融资风险防范方案的评价结论及是否同意申报的意见。

第九条　市发展改革委在收到企业发行外债申报材料后2个工作日内决定是否予以受理，对于申报材料不齐全或者不符合有关要求的，一次性告知企业补正或书面说明不予受理理由。企业应对申报材料及信息的真实性、合法性和完整性负责，不得以隐瞒有关情况、提供虚假材料等不正当手段申请登记。自正式受理之日起7个工作日内，市发展改革委在国家发展改革委授权额度内对企业发行外债予以备案登记，并出具《重庆市企业发行外债规模登记证明》（附件4）。

第十条　《重庆市企业发行外债规模登记证明》应明确外债发行人、外债规模、币种、发行方式、资金用途，并按发行方式确定文件有效期，其中境外发行公募债券6个月，境外发行私募债券和借用中长期国际商业贷款3个月。

第十一条　在外债发行结束10个工作日内，发行人需向市发展改革委报送《重庆市企业发行外债信息报送表》（附件5）。

第三章　文件效力和变更

第十二条　外债发行人凭《重庆市企业发行外债规模登记证明》按规定到有关部门办理外债登记和回流、结汇等相关手续，并严格按照资金用途合理使用外债募集资金，不得挪作他用。

第十三条 已获登记的企业发行外债，若发行人、外债规模、币种、发行方式、资金用途等发生重大变化的，应向市发展改革委申请变更。企业未能在有效期内完成发行外债造成登记证明文件失效的，原则上可再次申报新的额度，特殊情况可申请延期。

第四章 风险防范和诚信建设

第十四条 外债发行人应统筹考虑汇率、利率、币种以及企业资产负债结构等因素，适当运用货币互换、利率互换、远期外汇买卖、期权、掉期等金融衍生产品，审慎选择融资工具，合理持有外汇头寸，有效控制风险敞口，确保外债风险控制在自身可承受范围内；密切跟踪国际国内资本市场变化情况，关注跨境资本流动和外债外汇政策调整，强化外债风险管理意识，制定外债风险防控预案，合理调度还款资金确保外债到期偿还，将外债风险管理贯穿外债借、用、还全过程。

第十五条 国有企业发行外债应主动向同级国有资产管理部门申报，配合加强事中事后监管，高度关注并及早解决好跨境资本流动中出现的苗头性问题，明确和落实外债风险管理责任。国有资产管理部门应严格对企业申报把关，对风险从严把控。

第十六条 市发展改革委会同重庆外汇管理部做好信息共享，重要事项及时向国家发展改革委报告。

第十七条 对发行主体及金融机构、承销商、律师事务所、会计师事务所等中介服务机构建立境外融资行为诚信档案，对恶意占用外债规模、提供虚假信息及违反本办法规定的不良行为进行记录，并在记录之日起两年内暂停受理相关发行主体和中介服务机构参与的外债项目，同时按相关规定纳入全市社会信用体系综合平台管理。

第五章 项目储备和监管

第十八条 市发展改革委对每年拟发行外债项目做好项目储备。申报储备的外债项目投向应符合办法第五条相关规定，应基本具备在本年度内发行的各项基本条件。纳入储备的外债项目应动态更新项目进展情况，按项目成熟度滚动实施。

第十九条 鼓励符合以下条件的外债项目申请登记：

（一）发行外债涉及的相关中介服务机构具有较强业绩支撑且信用记录良好的；

（二）企业所在区县发展改革部门出具推荐函（市属国有企业除外）；

（三）境外发行本外币债券已完成承销商、律师事务所、会计师事务所等中介服务机构选聘的；

（四）境外公募债券发行人主体信用国际评级在投资级以上的。

第六章　附　　则

第二十条　国家政策或管理体制发生重要变化时，市发展改革委可按国家发展改革委要求对外债规模管理改革试点的内容和口径进行调整。

第二十一条　本办法自发布之日起施行，由市发展改革委负责解释。《重庆市发展和改革委员会关于企业发行外债相关事项的通知》（渝发改外〔2016〕458 号）同时废止。

附件：1. 重庆市企业发行外债承诺书（略）
　　　2. 重庆市企业境外发行债券申请报告参考大纲（略）
　　　3. 重庆市企业借用中长期国际商业贷款申请报告参考大纲（略）
　　　4. 重庆市企业发行外债规模登记证明（略）
　　　5. 重庆市企业发行外债信息报送表（略）

天津市发展改革委《关于印发天津市企业发行外债规模管理试点暂行办法的通知》

（津发改外资〔2016〕1022 号，2016 年 11 月）

各有关单位：

为进一步支持我市企业通过发行外债，募集资金参与国家重大战略建设，开展境外投资和推动实体经济发展，根据《国家发展改革委关于推进企业发行外债备案登记制管理改革的通知》（发改外资〔2015〕2044 号）和《国家发展改革委关于 2016 年外债管理改革试点省市规模安排的批复》（发改外资〔2016〕1139 号），制定《天津市企业发行外债规模管理试点暂行办法》，现予以公布，本办法自 2016 年 11 月 10 日起施行。

天津市发展和改革委员会
2016 年 11 月 10 日

天津市企业发行外债规模管理试点暂行办法

第一章　总　　则

第一条　为发挥国际资本市场低成本资金在促投资、稳增长方面的带动作用，进一步加大对我市企业参与重大国家战略建设以及投资重点发展领域的支持力度，切实服务实体经济发展，根据《国家发展改革委关于推进企业发行外债备案登记制管理改革的通知》（发改外资〔2015〕2044 号）和《国家发展改革委关于 2016 年外债管理改革试点省市规模安排的批复》（发改外资〔2016〕1139 号），特制定本暂行办法。

第二条　本办法适用于注册在我市的非中央直接管理的企业及其控制的境外企业或分支机构（以下通称“境内机构”），不含外资银行。

第三条　本办法所称的外债，是指境内机构向境外举借的、以本币或外币计价、按约定还本付息的 1 年期以上债务工具，包括境外发行债券、中长期国际商业贷款等。

第四条　外债资金主要用于支持“一带一路”、自贸试验区建设、京津冀协同发展、国际产能和装备制造合作等国家重大战略和重点领域投资，支持企业开展对外投资合作，引进先进技术和设备。鼓励企业以境内母公司为主体发行外债，募集资金可根据项目实际情况自主在境内外使用。

第二章　管理方式

第五条　市发展改革委在国家发展改革委年度授权额度内对本市境内机构发行外债申请予以备案登记，并报国家发展改革委备案。年度授权额度使用完毕后，市发展改革委将通过网站向社会公布额度使用情况，并且在获得新的授权额度前不再接受外债申请。

第六条　本市市级国有企业和总部注册在本市的金融租赁企业可直接将申请材料报送市发展改革委，其他企业经所在行政区发展改革部门（含功能区管委会）初审后上报市发展改革委。

第七条　为统筹考虑各企业的实际外债需求，各区发展改革部门（含功能区管委会）在每年11月底之前将本区域内下一年度外债需求报送市发展改革委，并根据实际情况在每年6月对当年计划进行调整。

第八条　市发展改革委收到备案登记申请后，在5个工作日内决定是否受理，自受理之日起7个工作日内出具《企业发行外债备案登记证明》。企业凭市发展改革委备案登记证明文件，按规定到有关部门办理外债登记和回流结汇等相关手续。企业发行外债结束后10个工作日内将《企业发行外债信息报送表》填写后报送市发展改革委，其中境外发债企业还须于每年年底前总结报送债务还本付息情况。

第三章　备案登记

第九条　境内机构需满足下述条件方可进行外债申报：具有法人资格、具有健全的法人治理机制，内部管理体系及组织架构明晰，近三年没有重大违法、违规行为；生产经营情况正常，具有较强的偿债能力；发展前景良好；抗风险能力较强；近三年到期债务没有延迟支付本息的情形；具备健全的资金使用及偿付管理制度。

第十条　符合前述条件的境内企业可以提交外债项目申请报告，申请报告应包括如下内容：

（1）相关各方基本情况：包括借款人基本情况（如果涉及担保，需提供担保方情况）、境外贷款方基本情况及其他相关各方基本情况；

（2）借款人情况：包括经营状况、基本财务情况、债务组成结构；

（3）外债发行方案：包括外债发行架构、币种、规模、期限、利率、发行方式、地点，承销机构等；

（4）项目基本情况和外债资金用途情况；

（5）借款人的还本付息资金来源及还款计划。

提交项目申请报告，同时应附如下材料（并加盖企业公章）：

（1）项目相关文件：包括借款企业设立文件，国家发展改革委或其他机构批准引进设备的文件或项目审批、核准、备案文件，项目所涉及合作协议，融资协议（或融资意向书）及其他必要文件；

（2）最近一年审计报告和最新一期财务报表；

（3）征信机构出具的企业信用报告（如涉及担保方，也需一并提供）；

（4）外债风险防控预案；

（5）其他有必要说明的事项。

其中，属于境外发行债券的项目还需提供以下附件（并加盖企业公章）：

（1）企业董事会决议（或股东大会决议）；

（2）涉及国有资产的企业需出具国资委同意函；

（3）提供发行人和/或债券发行增信方国际主体评级（境外发行公募债券）。因特殊原因不适宜做国际评级的企业，需提交说明材料。

第十一条　原则上优先支持国际评级在投资级以上的企业主体发行外债。

第十二条　借用外债属企业市场行为，由企业自主决策，自担风险。外债的偿还义务和风险由债务人、担保人以及债权人等自行承担。

第十三条　企业应对申请材料及信息的真实性、合法性和完整性负责，外债募集资金应当严格按照申报用途合理使用，不得挪作他用。对于报送虚假信息以及恶意虚报外债备案登记规模的企业，市发展改革委将其不良信用记录纳入市信用信息平台。

第十四条　企业在发行外债前期应制定外债风险防控预案，做好对汇率、利率变动敏感性分析，合理选择金融创新工具对冲外债风险。

第四章　监督管理

第十五条　市发展改革委在开展外债规模管理试点过程中，主动接受国家发展改革委的指导。当国内外宏观经济形势、国家政策或管理体制发生重大变化时，经国家发展改革委批准，市发展改革委可对外债管理试点的内容和管理口径进行调整。

第十六条　市发展改革委将会同市有关部门密切关注我市企业发行外债情况，及时了解有关动态，各企业在外债备案登记申请和执行过程中，有重大问题应及时向市发展改革委报告。

第十七条　本办法自2016年11月10日至2020年11月10日施行。2015年4月印发的《天津市借用中长期国际商业贷款切块管理试点暂行办法》于本办法颁布实施之日废止。

附件：企业发行外债信息报送表（略）

第四部分
人民银行关于境外发债的主要规定

中国人民银行《关于全口径跨境融资宏观审慎管理有关事宜的通知》

（银发〔2017〕9号，2017年1月）

中国人民银行上海总部，各分行、营业管理部，各省会（首府）城市中心支行、深圳市中心支行；国家外汇管理局各省、自治区、直辖市分局、外汇管理部，深圳、大连、青岛、厦门、宁波市分局；国家开发银行，各政策性银行、国有商业银行、股份制商业银行，中国邮政储蓄银行：

为进一步扩大企业和金融机构跨境融资空间，便利境内机构充分利用境外低成本资金，降低实体经济融资成本，中国人民银行在对全口径跨境融资宏观审慎管理政策实施情况进行全面评估的基础上，对政策框架进行了进一步完善。现将有关事宜通知如下：

一、本通知所称跨境融资，是指境内机构从非居民融入本、外币资金的行为。本通知适用依法在中国境内成立的法人企业（以下简称企业）和法人金融机构。本通知适用的企业仅限非金融企业，且不包括政府融资平台和房地产企业；本通知适用的金融机构指经中国人民银行、中国银行业监督管理委员会、中国证券监督管理委员会和中国保险监督管理委员会批准设立的各类法人金融机构。此外，将外国银行（港、澳、台地区银行比照适用，下同）境内分行纳入本通知适用范围，除特殊说明外，相关政策安排比照境内法人外资银行办理。

二、中国人民银行根据宏观经济热度、国际收支状况和宏观金融调控需要对跨境融资杠杆率、风险转换因子、宏观审慎调节参数等进行调整，并对27家银行类金融机构（名单见附件）跨境融资进行宏观审慎管理。国家外汇管理局对企业和除27家银行类金融机构以外的其他金融机构跨境融资进行管理，并对企业和金融机构进行全口径跨境融资统计监测。中国人民银行、国家外汇管理局之间建立信息共享机制。

三、建立宏观审慎规则下基于微观主体资本或净资产的跨境融资约束机制，企业和金融机构均可按规定自主开展本外币跨境融资。

企业和金融机构开展跨境融资按风险加权计算余额（指已提用未偿余额，下同），风险加权余额不得超过上限，即：跨境融资风险加权余额≤跨境融资风险加权余额上限。

跨境融资风险加权余额＝∑本外币跨境融资余额×期限风险转换因子×类别风险转换因子＋∑外币跨境融资余额×汇率风险折算因子。

期限风险转换因子：还款期限在1年（不含）以上的中长期跨境融资的期限风险转换因子为1，还款期限在1年（含）以下的短期跨境融资的期限风险转换因子为1.5。

类别风险转换因子：表内融资的类别风险转换因子设定为1，表外融资（或有负债）的类别风险转换因子暂定为1。

汇率风险折算因子：0.5。

四、跨境融资风险加权余额计算中的本外币跨境融资包括企业和金融机构（不含境外分支机构）以本币和外币形式从非居民融入的资金，涵盖表内融资和表外融资。以下业务类型不纳入跨境融资风险加权余额计算：

（一）被动负债：企业和金融机构因境外机构投资境内债券市场产生的本外币被动负债；境外主体存放在金融机构的本外币存款；合格境外机构投资者（QFII）或人民币合格境外机构投资者（RQFII）存放在金融机构的QFII、RQFII托管资金；境外机构存放在金融机构托管账户的境内发行人民币债券所募集的资金。

（二）贸易信贷、贸易融资：企业涉及真实跨境贸易产生的贸易信贷（包括应付和预收）和从境外金融机构获取的贸易融资；金融机构因办理基于真实跨境贸易结算产生的各类贸易融资。

（三）集团内部资金往来：企业主办的经备案的集团内跨境资金集中管理业务项下产生的对外负债。

（四）境外同业存放、拆借、联行及附属机构往来：金融机构因境外同业存放、拆借、联行及附属机构往来产生的对外负债。

（五）自用熊猫债：企业的境外母公司在中国境内发行人民币债券并以放款形式用于境内子公司的。

（六）转让与减免：企业和金融机构跨境融资转增资本或已获得债务减免等情况下，相应金额不计入。

中国人民银行可根据宏观金融调控需要和业务开展情况，对不纳入跨境融资风险加权余额计算的业务类型进行调整，必要时可允许企业和金融机构某些特定跨境融资业务不纳入跨境融资风险加权余额计算。

五、纳入本外币跨境融资的各类型融资在跨境融资风险加权余额中按以下方法计算：

（一）表外融资（或有负债）：金融机构向客户提供的内保外贷按20%纳入跨境融资风险加权余额计算；金融机构因客户基于真实跨境交易和资产负债币种及期限风险对冲管理服务需要的衍生产品而形成的对外或有负债，及因自身币种及期限风险对冲管理需要，参与国际金融市场交易而产生的或有负债，按公允价值纳入跨境融资风险加权余额计算。金融机构在报送数据时需同时报送本机构或有负债的名义本金及公允价值的计算方法。

（二）其他：其余各类跨境融资均按实际情况纳入跨境融资风险加权余额计算。

中国人民银行可根据宏观金融调控需要和业务开展情况，对跨境融资风险加权余额中各类型融资的计算方法进行调整。

六、跨境融资风险加权余额上限的计算：跨境融资风险加权余额上限 = 资本或净资产 × 跨境融资杠杆率 × 宏观审慎调节参数。

资本或净资产：企业按净资产计，银行类法人金融机构（包括政策性银行、商业银行、农村合作银行、城市信用合作社、农村信用合作社、外资银行）按一级资本计，非银行法人金融机构按资本（实收资本或股本＋资本公积）计，外国银行境内分行按运营资本计，以最近一期经审计的财务报告为准。

跨境融资杠杆率：企业为2，非银行法人金融机构为1，银行类法人金融机构和外国银行境内分行为0.8。

宏观审慎调节参数：1。

七、企业和金融机构的跨境融资签约币种、提款币种和偿还币种须保持一致。

八、跨境融资风险加权余额及上限的计算均以人民币为单位，外币跨境融资以提款日的汇率水平按以下方式折算计入：已在中国外汇交易中心挂牌（含区域挂牌）交易的外币，适用人民币汇率中间价或区域交易参考价；未在中国外汇交易中心挂牌交易的货币，适用中国外汇交易中心公布的人民币参考汇率。

九、中国人民银行建立跨境融资宏观风险监测指标体系，在跨境融资宏观风险指标触及预警值时，采取逆周期调控措施，以控制系统性金融风险。

逆周期调控措施可以采用单一措施或组合措施的方式进行，也可针对单一、多个或全部企业和金融机构进行。总量调控措施包括调整跨境融资杠杆率和宏观审慎调节参数，结构调控措施包括调整各类风险转换因子。根据宏观审慎评估（MPA）的结果对金融机构跨境融资的总量和结构进行调控，必要时还可根据维护国家金融稳定的需要，采取征收风险准备金等其他逆周期调控措施，防范系统性金融风险。

企业和金融机构因风险转换因子、跨境融资杠杆率和宏观审慎调节参数调整导致跨境融资风险加权余额超出上限的，原有跨境融资合约可持有到期；在跨境融资风险加权余额调整到上限内之前，不得办理包括跨境融资展期在内的新的跨境融资业务。

十、企业跨境融资业务：

（一）企业应当在跨境融资合同签约后但不晚于提款前3个工作日，向国家外汇管理局的资本项目信息系统办理跨境融资情况签约备案。为企业办理跨境融资业务的结算银行应向中国人民银行人民币跨境收付信息管理系统报送企业的融资信息、账户信息、人民币跨境收支信息等。所有跨境融资业务材料留存结算银行备查，保留期限为该笔跨境融资业务结束之日起5年。

（二）企业办理跨境融资签约备案后以及金融机构自行办理跨境融资信息报送后，可以根据提款、还款安排为借款主体办理相关的资金结算，并将相关结算信息按规定报送至中国人民银行、国家外汇管理局的相关系统，完成跨境融资信息的更新。

企业应每年及时更新跨境融资以及权益相关的信息（包括境外债权人、借款期限、金额、利率和自身净资产等）。如经审计的净资产，融资合同中涉及的境外债权人、借款期限、金额、利率等发生变化的，企业应及时办理备案变更。

（三）开展跨境融资涉及的资金往来，企业可采用一般本外币账户办理，也可采用自由贸易账户办理。

（四）企业融入外汇资金可意愿结汇。企业融入资金的使用应符合国家相关规定，用于自身的生产经营活动，并符合国家和自贸实验区的产业宏观调控方向。

十一、金融机构跨境融资业务：中国人民银行总行对27家银行类金融机构跨境融资业务实行统一管理，27家银行类金融机构以法人为单位集中向中国人民银行总行报送相关材料。国家外汇管理局对除27家银行类金融机构以外的其他金融机构跨境融资业务进行管理。金融机构开展跨境融资业务前，应根据本通知要求，结合自身情况制定本外币跨境融资业务的操作规程和内控制度，报中国人民银行、国家外汇管理局备案后实施。

（一）金融机构首次办理跨境融资业务前，应按照本通知的跨境融资杠杆率和宏观审慎调节参数，以及本机构最近一期经审计的资本数据，计算本机构跨境融资风险加权余额和跨境融资风险加权余额上限，并将计算的详细过程情况报送中国人民银行、国家外汇管理局。

金融机构办理跨境融资业务，应在本机构跨境融资风险加权余额处于上限以内的情况下进行。如跨境融资风险加权余额低于上限额，则金融机构可自行与境外机构签订融资合同。

（二）金融机构可根据《人民币银行结算账户管理办法》（中国人民银行令〔2003〕第5号发布）等管理制度开立本外币账户，办理跨境融资涉及的资金收付。

（三）金融机构应在跨境融资合同签约后执行前，向中国人民银行、国家外汇管理局报送资本金额、跨境融资合同信息，并在提款后按规定报送本外币跨境收入信息，支付利息和偿还本金后报送本外币跨境支出信息。如经审计的资本，融资合同中涉及的境外债权人、借款期限、金额、利率等发生变化的，金融机构应在系统中及时更新相关信息。

金融机构应于每月初5个工作日内将上月本机构本外币跨境融资发生情况、余额变动等统计信息报告中国人民银行、国家外汇管理局。所有跨境融资业务材料留存备查，保留期限为该笔跨境融资业务结束之日起5年。

（四）金融机构融入资金可用于补充资本金，服务实体经济发展，并符合国家产业宏观调控方向。经国家外汇管理局批准，金融机构融入外汇资金可结汇使用。

十二、中国人民银行、国家外汇管理局按照分工，定期或不定期对金融机构和企业开展跨境融资情况进行非现场核查和现场检查，金融机构和企业应配合。

发现未及时报送和变更跨境融资信息的，中国人民银行、国家外汇管理局将在查实后对涉及的金融机构或企业通报批评，限期整改并根据《中华人民共和国中国人民银行法》和《中华人民共和国外汇管理条例》等法律法规进行查处。

发现超上限开展跨境融资的，或融入资金使用与国家、自贸实验区的产业宏观调控方向不符的，中国人民银行、国家外汇管理局可责令其立即纠正，并可根据实际情况依据《中华人民共和国中国人民银行法》和《中华人民共和国外汇管理条例》等有关规定对借款主体进行处罚；情节严重的，可暂停其跨境融资业务。中国人民银行将金融机构的跨境融资行为纳入宏观审慎评估体系考核，对情节严重的，中国人民银行还可视情况向其征收定向风险准备金。

对于办理超上限跨境融资结算的金融机构，中国人民银行、国家外汇管理局将责令整改；对于多次发生办理超上限跨境融资结算的金融机构，中国人民银行、国家外汇管理局将暂停其跨境融资结算业务。

十三、对企业和金融机构，中国人民银行、国家外汇管理局不实行外债事前审批，企业改为事前签约备案，金融机构改为事后备案，原有管理模式下的跨境融资未到期余额纳入本通知管理。中国人民银行、国家外汇管理局实行的本外币境外融资等区域性跨境融资创新试点，自 2017 年 5 月 4 日起统一按本通知模式管理。

自本通知发布之日起，为外商投资企业、外资金融机构设置一年过渡期，过渡期内外商投资企业、外资金融机构可在现行跨境融资管理模式和本通知模式下任选一种模式适用。

过渡期结束后，外资金融机构自动适用本通知模式。外商投资企业跨境融资管理模式由中国人民银行、国家外汇管理局根据本通知总体实施情况评估后确定。

十四、本通知自发布之日起施行，自施行之日起，《中国人民银行关于扩大全口径跨境融资宏观审慎管理试点的通知》（银发〔2016〕18 号）和《中国人民银行关于在全国范围内实施全口径跨境融资宏观审慎管理的通知》（银发〔2016〕132 号文）同时废止。中国人民银行、国家外汇管理局此前有关规定与本通知不一致的，以本通知为准。

附件

27 家银行类金融机构名单

1	国家开发银行
2	进出口银行
3	农业发展银行
4	中国工商银行
5	中国农业银行
6	中国银行
7	中国建设银行
8	交通银行
9	中信银行
10	中国光大银行
11	华夏银行
12	中国民生银行
13	招商银行
14	兴业银行
15	广发银行
16	平安银行

续表

17	浦发银行
18	恒丰银行
19	浙商银行
20	渤海银行
21	中国邮政储蓄银行
22	北京银行
23	上海银行
24	江苏银行
25	汇丰银行（中国）有限公司
26	花旗银行（中国）有限公司
27	渣打银行（中国）有限公司

中国人民银行《关于简化跨境人民币业务流程和完善有关政策的通知》

（节　选）

（银发〔2013〕168号，2013年7月）

四、关于境内非金融机构境外发行人民币债券

（一）境内非金融机构可按《人民币银行结算账户管理办法》（中国人民银行令〔2003〕第5号发布）等银行结算账户管理规定，向境内银行申请开立人民币专用存款账户，专门用于存放经人民银行同意从境外汇入的发债募集资金。该账户的存款利率按人民银行公布的活期存款利率执行，资金应当严格按照在债券募集说明书约定的使用范围内使用，不得挪作他用。

（二）境外发行人民币债券涉及人民币汇入或还本付息的，境内银行应及时准确地向人民币跨境收付信息管理系统报送人民币跨境收付信息。若涉及人民币跨境担保业务，还需报送人民币跨境担保信息。

五、境内非金融机构可以按照《中华人民共和国物权法》、《中华人民共和国担保法》等法律规定，对外提供人民币担保。境内非金融机构对外担保使用人民币履约时，境内银行进行真实性审核后，为其办理人民币结算，并向人民币跨境收付信息管理系统报送相关信息。履约款项也可由境内非金融机构使用其境外留存的人民币资金直接支付。

中国人民银行重庆营业管理部《关于印发〈中新（重庆）战略性互联互通示范项目跨境人民币创新业务试点管理办法〉的通知》

（节　选）

（渝银发〔2016〕28号）

第一章　总　　则

第一条　为进一步推进跨境人民币业务发展，支持中新（重庆）战略性互联互通示范项目开展中新金融合作创新试点，有效防范业务风险，根据中新两国政府有关协议及国务院批示精神、《中华人民共和国中国人民银行法》及有关法律法规，制定本办法。

第二条　本办法所称新加坡银行机构是指在新加坡注册成立的银行业金融机构，包括中资商业银行在新加坡设立的分支机构；本办法所称境内银行机构是指在重庆市设立的银行业金融机构。

第三条　本办法所称重庆市内企业是指在重庆行政范围内注册成立的企业。

第四条　本办法所称重庆市个人是指在重庆市内18周岁以上，拥有重庆市户籍并具有完全民事行为能力的境内自然人，以及在重庆市内工作、生活并能够提供半年以上当地纳税证明或社保缴纳证明的非本地户籍境内自然人、在重庆市内工作或在市内合法居留半年以上的境外自然人。

第五条　重庆市内企业、个人及境内银行机构应依据本办法的规定，在真实、合法的交易基础上开展相关业务，并履行提供相应资料及备案等相关义务，同时按照有关规定报送跨境人民币业务信息及国际收支统计申报信息。

第六条　境内银行机构应当在“了解你的客户”“了解你的业务”“尽职审查”三项原则的基础上依据本办法的规定开展相关业务，履行相应真实性审核责任，同时认真履行信息报送义务，及时、准确、完整地向中国人民银行人民币跨境收付信息管理系统报送跨境人民币业务信息。

第七条　中国人民银行重庆营业管理部（以下简称人行重庆营管部）在中国人民银行总行的指导下，根据本办法对跨境人民币创新业务实施监督管理。

第三章　企业发行人民币债券

第十二条　本办法所称人民币债券是指重庆市内企业在新加坡发行的，以人民币计价并按约定还本付息的有价债券。

第十三条　允许重庆市企业在新加坡发行人民币债券，并可全额汇回所募集资金用于在中国西部地区的经济活动和基础设施建设。

第十四条　重庆市内企业在筹办发行人民币债券前，可选择1—3家境内银行机构作为结算银行，并向该结算银行提供相关材料，结算银行进行真实性审核后向人行重庆营管部办理备案手续。

第十五条　重庆市内企业可按人民银行有关银行结算账户管理规定，向结算银行申请开立一个人民币专用存款账户，专门用于存放从境外汇入的发债募集资金。该账户的存款利率按人民银行公布的活期存款利率执行，资金应当严格按照在债券募集说明书约定的使用范围内使用，不得挪作他用，不得支取现金。结算银行应对企业境外募集资金用途的真实性进行尽职审核。

第五部分

外汇管理部门关于境外发债的主要规定

国务院《中华人民共和国外汇管理条例》

（节 选）

（国务院令第532号，2008年8月）

第十八条 国家对外债实行规模管理。借用外债应当按照国家有关规定办理，并到外汇管理机关办理外债登记。

国务院外汇管理部门负责全国的外债统计与监测，并定期公布外债情况。

第十九条 提供对外担保，应当向外汇管理机关提出申请，由外汇管理机关根据申请人的资产负债等情况作出批准或者不批准的决定；国家规定其经营范围需经有关主管部门批准的，应当在向外汇管理机关提出申请前办理批准手续。申请人签订对外担保合同后，应当到外汇管理机关办理对外担保登记。经国务院批准为使用外国政府或者国际金融组织贷款进行转贷提供对外担保的，不适用前款规定。

第四十三条 有擅自对外借款、在境外发行债券或者提供对外担保等违反外债管理行为的，由外汇管理机关给予警告，处违法金额30%以下的罚款。

国家外汇管理局《关于发布〈外债登记管理办法〉的通知》

（汇发〔2013〕19号，2013年4月）

国家外汇管理局各省、自治区、直辖市分局、外汇管理部，深圳、大连、青岛、厦门、宁波市分局，各中资外汇指定银行：

为深化外汇管理体制改革，简化行政审批程序，强化外债统计监测，防范外债风险，国家外汇管理局决定改进外债登记管理方式。为此，国家外汇管理局制定了《外债登记管理办法》和《外债登记管理操作指引》，现印发给你们，请遵照执行。

本通知自2013年5月13日起实施。之前规定与本通知内容不一致的，以本通知为准。本通知实施后，附件3所列法规即行废止。

国家外汇管理局各分局、外汇管理部接到本通知后，应及时转发辖内中心支局、支局、城市商业银行、农村商业银行、外资银行、农村合作银行；各中资银行接到通知后，应及时转发所辖各分支机构。执行中如遇问题，请及时向国家外汇管理局资本项目管理司反馈。

附件：1. 外债登记管理办法

2. 外债登记管理操作指引（节选）

3. 废止法规目录（略）

国家外汇管理局

2013年4月28日

附件1

外债登记管理办法

第一章　总　　则

第一条　为准确、及时、完整统计外债信息，规范外债资金流出入的管理，防范外债风险，根据《中华人民共和国外汇管理条例》（以下简称《外汇管理条例》）和《外债统计监测暂行规定》，制定本办法。

第二条　债务人应按照国家有关规定借用外债，并办理外债登记。

第三条　国家外汇管理局及其分支局（以下简称外汇局）负责外债的登记、账户、使用、偿还以及结售汇等管理、监督和检查，并对外债进行统计和监测。

国家外汇管理局负责全口径外债的统计监测，并定期公布外债情况。

第四条　国家外汇管理局根据国际统计标准，结合我国实际情况，确定外债统计范围和统计方法。

外债统计方法包括债务人登记和抽样调查等。

第五条　国家外汇管理局可根据国际收支变化情况，对外债登记范围和管理方式进行调整。

第二章　外 债 登 记

第六条　外债登记是指债务人按规定借用外债后，应按照规定方式向所在地外汇局登记或报送外债的签约、提款、偿还和结售汇等信息。根据债务人类型实行不同的外债登记方式。

外债借款合同发生变更时，债务人应按照规定到外汇局办理外债签约变更登记。

外债未偿余额为零且债务人不再发生提款时，债务人应按照规定到外汇局办理外债注销登记手续。

第七条　债务人为财政部门，应在每月初10个工作日内逐笔向所在地外汇局报送外债的签约、提款、结汇、购汇、偿还和账户变动等信息。

第八条　债务人为境内银行，应通过外汇局相关系统逐笔报送其借用外债信息。

第九条　债务人为财政部门、银行以外的其他境内债务人（以下简称非银行债务人），应在规定时间内到所在地外汇局办理外债签约逐笔登记或备案手续。

第十条　对于不通过境内银行办理资金收付的，非银行债务人在发生外债提款额、还本付息额和未偿余额变动后，持相关证明材料到所在地外汇局办理备案手续。

第三章 外债账户、资金使用和结售汇管理

第十一条 境内银行借用外债，可直接在境内、外银行开立相关账户，直接办理与其外债相关的提款和偿还等手续。

第十二条 非银行债务人在办理外债签约登记后，可直接向境内银行申请开立外债账户。

非银行债务人可开立用于办理提款和还款的外债专用账户，也可根据实际需要开立专门用于外债还款的还本付息专用账户。

第十三条 根据非银行债务人申请，银行在履行必要的审核程序后，可直接为其开立、关闭外债账户以及办理外债提款、结售汇和偿还等手续。

第十四条 外商投资企业借用的外债资金可以结汇使用。

除另有规定外，境内金融机构和中资企业借用的外债资金不得结汇使用。

第十五条 债务人在办理外债资金结汇时，应遵循实需原则，持规定的证明文件直接到银行办理。

银行应按照有关规定审核证明文件后，为债务人办理结汇手续。

第十六条 债务人借款合同中约定的外债资金用途应当符合外汇管理规定。

短期外债原则上只能用于流动资金，不得用于固定资产投资等中长期用途。

第十七条 债务人购汇偿还外债，应遵循实需原则。

银行应按照有关规定审核证明文件后，为债务人办理购付汇手续。

第四章 外保内贷外汇管理

第十八条 符合规定的债务人向境内金融机构借款时，可以接受境外机构或个人提供的担保（以下简称外保内贷）。

境内债权人应按相关规定向所在地外汇局报送相关数据。

发生境外担保履约的，债务人应到所在地外汇局办理外债登记。

第十九条 外商投资企业办理境内借款接受境外担保的，可直接与境外担保人、债权人签订担保合同。

发生境外担保履约的，其担保履约额应纳入外商投资企业外债规模管理。

第二十条 中资企业办理境内借款接受境外担保的，应事前向所在地外汇局申请外保内贷额度。

中资企业可在外汇局核定的额度内直接签订担保合同。

第五章 对外转让不良资产外汇管理

第二十一条 境内机构对外转让不良资产，应按规定获得批准。

第二十二条 对外转让不良资产获得批准后，境外投资者或其代理人应到外汇局办理对外转让不良资产备案手续。

第二十三条 受让不良资产的境外投资者或其代理人通过清收、再转让等方式取得的收益，经外汇局核准后可汇出。

第六章 罚 则

第二十四条 外债资金非法结汇的，依照《外汇管理条例》第四十一条进行处罚。

第二十五条 有擅自对外借款或在境外发行债券等违反外债管理行为的，依照《外汇管理条例》第四十三条进行处罚。

第二十六条 违反规定，擅自改变外债或外债结汇资金用途的，依照《外汇管理条例》第四十四条进行处罚。

第二十七条 有下列情形之一的，依照《外汇管理条例》第四十八条进行处罚：

（一）未按照规定进行涉及外债国际收支申报的；

（二）未按照规定报送外债统计报表等资料的；

（三）未按照规定提交外债业务有效单证或者提交的单证不真实的；

（四）违反外债账户管理规定的；

（五）违反外债登记管理规定的。

第二十八条 金融机构有下列情形之一的，依照《外汇管理条例》第四十七条进行处罚：

（一）违反规定办理外债资金收付的；

（二）违反规定办理外债项下结汇、售汇业务的。

第二十九条 其他违反本办法的行为，按《外汇管理条例》法律责任有关规定进行处罚。

第七章 附 则

第三十条 银行应按照外汇管理相关规定，将非银行债务人的外债账户、提款、使用、偿还及结售汇等信息报送外汇局。

第三十一条 外汇局利用抽样调查等方式，采集境内企业对外贸易中产生的预收货款、延期付款等企业间贸易信贷信息。

境内企业与境外企业间发生贸易信贷的，无需按照本办法规定办理外债登记。

第三十二条 债务人可按照有关规定签订以锁定外债还本付息风险为目的、与汇率或利率相关的保值交易合同，并直接到银行办理交割。

第三十三条 本办法由国家外汇管理局负责解释。

第三十四条 本办法自 2013 年 5 月 13 日起实施。

附件 2

外债登记管理操作指引（节选）

一、非银行债务人办理外债签约登记
二、财政部门和银行办理外债登记
三、银行为非银行债务人开立、关闭外债账户
四、非银行债务人办理非资金划转类提款备案
五、非银行债务人办理非资金划转类还本付息备案
六、银行为非银行债务人办理外债结汇
七、外债注销登记
八、境内企业办理外保内贷业务
九、金融机构为外保内贷项下担保履约款办理结汇或购汇
十、非银行债务人办理担保费对外支付
十一、对外处置不良资产涉及的外汇收支和汇兑核准
十二、不良资产境外投资者备案登记和购付汇核准
十三、银行为非银行债务人办理资金类划转外债提款
十四、银行为非银行债务人办理资金类划转外债还本付息
十五、银行为非银行债务人办理外债套期保值履约交割

国家外汇管理局《关于发布〈跨境担保外汇管理规定〉的通知》

（汇发〔2014〕29号，2014年5月）

国家外汇管理局各省、自治区、直辖市分局、外汇管理部，深圳、大连、青岛、厦门、宁波市分局，各中资外汇指定银行：

为深化外汇管理体制改革，简化行政审批程序，规范跨境担保项下收支行为，国家外汇管理局决定改进跨境担保外汇管理方式，制定了《跨境担保外汇管理规定》及其操作指引（以下简称《规定》）。现印发给你们，请遵照执行。

《规定》自2014年6月1日起实施，之前相关规定与本《规定》内容不一致的，以本《规定》为准。《规定》实施后，附件3所列法规即行废止。

国家外汇管理局各分局、外汇管理部接到本通知后，应及时转发辖内中心支局、支局、城市商业银行、农村商业银行、外资银行、农村合作银行；各中资银行接到本通知后，应及时转发所辖各分支机构。执行中如遇问题，请及时向国家外汇管理局资本项目管理司反馈。

附件：1. 跨境担保外汇管理规定
2. 跨境担保外汇管理操作指引
3. 废止法规目录（略）

国家外汇管理局
2014年5月12日

附件1

跨境担保外汇管理规定

第一章 总 则

第一条 为完善跨境担保外汇管理，规范跨境担保项下收支行为，促进跨境担保业务健康有序发展，根据《中华人民共和国物权法》《中华人民共和国担保法》及《中华人民共和国外汇管理条例》等法律法规，特制定本规定。

第二条 本规定所称的跨境担保是指担保人向债权人书面作出的、具有法律约束力、承诺按照担保合同约定履行相关付款义务并可能产生资金跨境收付或资产所有权跨境转移等国际收支交易的担保行为。

第三条 按照担保当事各方的注册地，跨境担保分为内保外贷、外保内贷和其他形式跨境担保。

内保外贷是指担保人注册地在境内、债务人和债权人注册地均在境外的跨境担保。

外保内贷是指担保人注册地在境外、债务人和债权人注册地均在境内的跨境担保。

其他形式跨境担保是指除前述内保外贷和外保内贷以外的其他跨境担保情形。

第四条 国家外汇管理局及其分支局（以下简称外汇局）负责规范跨境担保产生的各类国际收支交易。

第五条 境内机构提供或接受跨境担保，应当遵守国家法律法规和行业主管部门的规定，并按本规定办理相关外汇管理手续。

担保当事各方从事跨境担保业务，应当恪守商业道德，诚实守信。

第六条 外汇局对内保外贷和外保内贷实行登记管理。

境内机构办理内保外贷业务，应按本规定要求办理内保外贷登记；经外汇局登记的内保外贷，发生担保履约的，担保人可自行办理；担保履约后应按本规定要求办理对外债权登记。

境内机构办理外保内贷业务，应符合本规定明确的相关条件；经外汇局登记的外保内贷，债权人可自行办理与担保履约相关的收款；担保履约后境内债务人应按本规定要求办理外债登记手续。

第七条 境内机构提供或接受其他形式跨境担保，应符合相关外汇管理规定。

第二章 内保外贷

第八条 担保人办理内保外贷业务，在遵守国家法律法规、行业主管部门规定及外汇管理规定的前提下，可自行签订内保外贷合同。

第九条 担保人签订内保外贷合同后，应按以下规定办理内保外贷登记。

担保人为银行的，由担保人通过数据接口程序或其他方式向外汇局报送内保外贷业务相关数据。

担保人为非银行金融机构或企业（以下简称非银行机构）的，应在签订担保合同后 15 个工作日内到所在地外汇局办理内保外贷签约登记手续。担保合同主要条款发生变更的，应当办理内保外贷签约变更登记手续。

外汇局按照真实、合规原则对非银行机构担保人的登记申请进行程序性审核并办理登记手续。

第十条 银行、非银行金融机构作为担保人提供内保外贷，按照行业主管部门规定，应具有相应担保业务经营资格。

第十一条 内保外贷项下资金用途应当符合以下规定：

（一）内保外贷项下资金仅用于债务人正常经营范围内的相关支出，不得用于支持债务人从事正常业务范围以外的相关交易，不得虚构贸易背景进行套利，或进行其他形式的投机性交易。

（二）未经外汇局批准，债务人不得通过向境内进行借贷、股权投资或证券投资等方式将担保项下资金直接或间接调回境内使用。①

第十二条　担保人办理内保外贷业务时，应对债务人主体资格、担保项下资金用途、预计的还款资金来源、担保履约的可能性及相关交易背景进行审核，对是否符合境内外相关法律法规进行尽职调查，并以适当方式监督债务人按照其申明的用途使用担保项下资金。

第十三条　内保外贷项下担保人付款责任到期、债务人清偿担保项下债务或发生担保履约后，担保人应办理内保外贷登记注销手续。

第十四条　如发生内保外贷履约，担保人为银行的，可自行办理担保履约项下对外支付。

担保人为非银行机构的，可凭担保登记文件直接到银行办理担保履约项下购汇及对外支付。在境外债务人偿清因担保人履约而对境内担保人承担的债务之前，未经外汇局批准，担保人须暂停签订新的内保外贷合同。

第十五条　内保外贷业务发生担保履约的，成为对外债权人的境内担保人或反担保人应当按规定办理对外债权登记手续。

第十六条　境内个人可作为担保人并参照非银行机构办理内保外贷业务。

第三章　外保内贷

第十七条　境内非金融机构从境内金融机构借用贷款或获得授信额度，在同时满足以下条件的前提下，可以接受境外机构或个人提供的担保，并自行签订外保内贷合同：

（一）债务人为在境内注册经营的非金融机构；

（二）债权人为在境内注册经营的金融机构；

（三）担保标的为金融机构提供的本外币贷款（不包括委托贷款）或有约束力的授信额度；

（四）担保形式符合境内、外法律法规。

未经批准，境内机构不得超出上述范围办理外保内贷业务。

第十八条　境内债务人从事外保内贷业务，由发放贷款或提供授信额度的境内金融机构向外汇局集中报送外保内贷业务相关数据。

第十九条　外保内贷业务发生担保履约的，在境内债务人偿清其对境外担保人的债务之前，未经外汇局批准，境内债务人应暂停签订新的外保内贷合同；已经签订外保内贷合同但尚未提款或尚未全部提款的，未经所在地外汇局批准，境内债务人应暂停办理

① 实践中，中资企业采用内保外贷结构发行境外债券，募集资金可以回流境内。

新的提款。

境内债务人因外保内贷项下担保履约形成的对外负债，其未偿本金余额不得超过其上年度末经审计的净资产数额。

境内债务人向债权人申请办理外保内贷业务时，应真实、完整地向债权人提供其已办理外保内贷业务的债务违约、外债登记及债务清偿情况。

第二十条 外保内贷业务发生境外担保履约的，境内债务人应到所在地外汇局办理短期外债签约登记及相关信息备案手续。外汇局在外债签约登记环节对债务人外保内贷业务的合规性进行事后核查。

第四章 物权担保的外汇管理

第二十一条 外汇局不对担保当事各方设定担保物权的合法性进行审查。担保当事各方应自行确认担保合同内容符合境内外相关法律法规和行业主管部门的规定。

第二十二条 担保人与债权人之间因提供抵押、质押等物权担保而产生的跨境收支和交易事项，已存在限制或程序性外汇管理规定的，应当符合规定。

第二十三条 当担保人与债权人分属境内、境外，或担保物权登记地（或财产所在地、收益来源地）与担保人、债权人的任意一方分属境内、境外时，境内担保人或境内债权人应按下列规定办理相关外汇管理手续：

（一）当担保人、债权人注册地或担保物权登记地（或财产所在地、收益来源地）至少有两项分属境内外时，担保人实现担保物权的方式应当符合相关法律规定。

（二）除另有明确规定外，担保人或债权人申请汇出或收取担保财产处置收益时，可直接向境内银行提出申请；在银行审核担保履约真实性、合规性并留存必要材料后，担保人或债权人可以办理相关购汇、结汇和跨境收支。

（三）相关担保财产所有权在担保人、债权人之间发生转让，按规定需要办理跨境投资外汇登记的，当事人应办理相关登记或变更手续。

第二十四条 担保人为第三方债务人向债权人提供物权担保，构成内保外贷或外保内贷的，应当按照内保外贷或外保内贷相关规定办理担保登记手续，并遵守相关规定。

经外汇局登记的物权担保因任何原因而未合法设立，担保人应到外汇局注销相关登记。

第五章 附　　则

第二十五条 境内机构提供或接受除内保外贷和外保内贷以外的其他形式跨境担保，在符合境内外法律法规和本规定的前提下，可自行签订跨境担保合同。除外汇局另有明确规定外，担保人、债务人不需要就其他形式跨境担保到外汇局办理登记或备案。

境内机构办理其他形式跨境担保，可自行办理担保履约。担保项下对外债权债务需要事前审批或核准，或因担保履约发生对外债权债务变动的，应按规定办理相关审批或登记手续。

第二十六条 境内债务人对外支付担保费，可按照服务贸易外汇管理有关规定直接向银行申请办理。

第二十七条 担保人、债务人不得在明知或者应知担保履约义务确定发生的情况下签订跨境担保合同。

第二十八条 担保人、债务人、债权人向境内银行申请办理与跨境担保相关的购付汇或收结汇业务时，境内银行应当对跨境担保交易的背景进行尽职审查，以确定该担保合同符合中国法律法规和本规定。

第二十九条 外汇局对跨境担保合同的核准、登记或备案情况以及本规定明确的其他管理事项与管理要求，不构成跨境担保合同的生效要件。

第三十条 外汇局定期分析内保外贷和外保内贷整体情况，密切关注跨境担保对国际收支的影响。

第三十一条 外汇局对境内机构跨境担保业务进行核查和检查，担保当事各方、境内银行应按照外汇局要求提供相关资料。对未按本规定及相关规定办理跨境担保业务的，外汇局根据《中华人民共和国外汇管理条例》进行处罚。

第三十二条 国家外汇管理局可出于保障国际收支平衡的目的，对跨境担保管理方式适时进行调整。

第三十三条 本规定由国家外汇管理局负责解释。

附件2

跨境担保外汇管理操作指引

第一部分 内保外贷外汇管理

一、担保人办理内保外贷业务，在遵守国家法律法规、行业主管部门规定及外汇管理规定的前提下，可自行签订内保外贷合同。

二、内保外贷登记

担保人签订内保外贷合同后，应按以下规定办理内保外贷登记：

（一）担保人为银行的，由担保人通过数据接口程序或其他方式向外汇局资本项目信息系统报送内保外贷相关数据。

（二）担保人为非银行金融机构或企业（以下简称为非银行机构）的，应在签订担保合同后15个工作日内到所在地外汇局办理内保外贷签约登记手续。担保合同或担保项下债务合同主要条款发生变更的（包括债务合同展期以及债务或担保金额、债务或担保期限、债权人等发生变更），应当在15个工作日内办理内保外贷变更登记手续。

1. 非银行机构到外汇局办理内保外贷签约登记时，应提供以下材料：

（1）关于办理内保外贷签约登记的书面申请报告（内容包括公司基本情况、已办理且未了结的各项跨境担保余额、本次担保交易内容要点、预计还款资金来源、其他需要说明的事项。有共同担保人的，应在申请报告中说明）；

（2）担保合同和担保项下主债务合同（合同文本内容较多的，提供合同简明条款并加盖印章；合同为外文的，须提供中文翻译件并加盖印章）；

（3）外汇局根据本规定认为需要补充的相关证明材料（如发改委、商务部门关于境外投资项目的批准文件、办理变更登记时需要提供的变更材料等）。

2. 外汇局按照真实、合规原则对非银行机构担保人的登记申请进行程序性审核，并为其办理登记手续。外汇局对担保合同的真实性、商业合理性、合规性及履约倾向存在疑问的，有权要求担保人作出书面解释。外汇局按照合理商业标准和相关法规，认为担保人解释明显不成立的，可以决定不受理登记申请，并向申请人书面说明原因。

担保人未在规定期限内到外汇局办理担保登记的，如能说明合理原因，且担保人提出登记申请时尚未出现担保履约意向的，外汇局可按正常程序为其办理补登记；不能说明合理原因的，外汇局可按未及时办理担保登记进行处理，在移交外汇检查部门后再为其办理补登记手续。

3. 非金融机构可以向外汇局申请参照金融机构通过资本项目系统报送内保外贷数据。

4. 同一内保外贷业务下存在多个境内担保人的，可自行约定其中一个担保人到所在地外汇局办理登记手续。外汇局在办理内保外贷登记时，应在备注栏中注明其他担保人。

三、金融机构作为担保人提供内保外贷，按照行业主管部门规定，应具有相应担保业务经营资格。以境内分支机构名义提供的担保，应当获得总行或总部授权。

四、内保外贷项下资金用途应当符合以下规定：

（一）内保外贷项下资金仅用于债务人正常经营范围内的相关支出，不得用于支持债务人从事正常业务范围以外的相关交易，不得虚构贸易背景进行套利，或进行其他形式的投机性交易。

（二）未经外汇局批准，债务人不得通过向境内进行借贷、股权投资或证券投资等方式将担保项下资金直接或间接调回境内使用。

担保项下资金不得用于境外机构或个人向境内机构或个人进行直接或间接的股权、债权投资，包括但不限于以下行为：

1. 债务人使用担保项下资金直接或间接向在境内注册的机构进行股权或债权投资。

2. 担保项下资金直接或间接用于获得境外标的公司的股权，且标的公司 50% 以上资产在境内的。

3. 担保项下资金用于偿还债务人自身或境外其他公司承担的债务，而原融资资金曾以股权或债权形式直接或间接调回境内的。

4. 债务人使用担保项下资金向境内机构预付货物或服务贸易款项，且付款时间相对于提供货物或服务的提前时间超过 1 年、预付款金额超过 100 万美元及买卖合同总价 30% 的（出口大型成套设备或承包服务时，可将已完成工作量视同交货）。

（三）内保外贷合同项下发生以下类型特殊交易时，应符合以下规定：

1. 内保外贷项下担保责任为境外债务人债券发行项下还款义务时，境外债务人应由境内机构直接或间接持股，且境外债券发行收入应用于与境内机构存在股权关联的境外投资项目，且相关境外机构或项目已经按照规定获得国内境外投资主管部门的核准、登记、备案或确认；

2. 内保外贷合同项下融资资金用于直接或间接获得对境外其他机构的股权（包括新建境外企业、收购境外企业股权和向境外企业增资）或债权时，该投资行为应当符合国内相关部门有关境外投资的规定；

3. 内保外贷合同项下义务为境外机构衍生交易项下支付义务时，债务人从事衍生交易应当以止损保值为目的，符合其主营业务范围且经过股东适当授权。

五、内保外贷注销登记

内保外贷项下债务人还清担保项下债务、担保人付款责任到期或发生担保履约后，担保人应办理内保外贷登记注销手续。其中，银行可通过数据接口程序或其他方式向外汇局资本项目系统报送内保外贷更新数据；非银行机构应在 15 个工作日内到外汇局申请注销相关登记。

六、担保履约

（一）银行发生内保外贷担保履约的，可自行办理担保履约项下对外支付，其担保履约资金可以来源于自身向反担保人提供的外汇垫款、反担保人以外汇或人民币形式交存的保证金，或反担保人支付的其他款项。反担保人可凭担保履约证明文件直接办理购汇或支付手续。

（二）非银行机构发生担保履约的，可凭加盖外汇局印章的担保登记文件直接到银行办理担保履约项下购汇及对外支付。在办理国际收支间接申报时，须填写该笔担保登记时取得的业务编号。

非银行机构发生内保外贷履约的，在境外债务人偿清境内担保人承担的债务之前（因债务人破产、清算等原因导致其无法清偿债务的除外），未经外汇局批准，担保人必须暂停签订新的内保外贷合同。

（三）非银行机构提供内保外贷后未办理登记但需要办理担保履约的，担保人须先向外汇局申请办理内保外贷补登记，然后凭补登记文件到银行办理担保履约手续。外汇局在办理补登记前，应先移交外汇检查部门。

七、对外债权登记

（一）内保外贷发生担保履约的，成为对外债权人的境内担保人或境内反担保人，应办理对外债权登记。

对外债权人为银行的，通过资本项目信息系统报送对外债权相关信息。债权人为非银行机构的，应在担保履约后15个工作日内到所在地外汇局办理对外债权登记，并按规定办理与对外债权相关的变更、注销手续。

（二）对外债权人为银行时，担保项下债务人（或反担保人）主动履行对担保人还款义务的，债务人（或反担保人）、担保人可自行办理各自的付款、收款手续。债务人（或反担保人）由于各种原因不能主动履行付款义务的，担保人以合法手段从债务人（或反担保人）清收的资金，其币种与原担保履约币种不一致的，担保人可自行代债务人（或反担保人）办理相关汇兑手续。

（三）对外债权人为非银行机构时，其向债务人追偿所得资金为外汇的，在向银行说明资金来源、银行确认境内担保人已按照相关规定办理对外债权登记后可以办理结汇。

八、其他规定

（一）担保人办理内保外贷业务时，应对债务人主体资格、担保项下资金用途、预计的还款资金来源、担保履约的可能性及相关交易背景进行审核，对是否符合境内、外相关法律法规进行尽职调查，并以适当方式监督债务人按照其申明的用途使用担保项下资金。

（二）境内个人作为担保人，可参照境内非银行机构办理内保外贷业务。

（三）境内机构为境外机构（债务人）向其境外担保人提供的反担保，按内保外贷进行管理，提供反担保的境内机构须遵守本规定。境内机构按内保外贷规定为境外机构（债务人）提供担保时，其他境内机构为债务人向提供内保外贷的境内机构提供反担保，不按内保外贷进行管理，但需符合相关外汇管理规定。

（四）担保人对担保责任上限无法进行合理预计的内保外贷，如境内企业出具的不明确赔偿金额上限的项目完工责任担保，可以不办理登记，但经外汇局核准后可以办理担保履约手续。

第二部分　外保内贷外汇管理

一、境内非金融机构从境内金融机构借用贷款或获得授信额度，在同时满足以下条件的前提下，可以接受境外机构或个人提供的担保，并自行签订外保内贷合同：

（一）债务人为在境内注册经营的非金融机构；

（二）债权人为在境内注册经营的金融机构；

（三）担保标的为本外币贷款（不包括委托贷款）或有约束力的授信额度；

（四）担保形式符合境内、外法律法规。

未经批准，境内机构不得超出上述范围办理外保内贷业务。

二、境内债务人从事外保内贷业务，由发放贷款或提供授信额度的境内金融机构向外汇局的资本项目系统集中报送外保内贷业务数据。

三、发生外保内贷履约的，金融机构可直接与境外担保人办理担保履约收款。

境内债务人从事外保内贷业务发生担保履约的，在境内债务人偿清其对境外担保人的债务之前，未经外汇局批准，境内债务人应暂停签订新的外保内贷合同；已经签订外保内贷合同但尚未提款或全部提款的，未经所在地外汇局批准，应暂停办理新的提款。

境内债务人因外保内贷项下担保履约形成的对外负债，其未偿本金余额不得超过其上年度末经审计的净资产数额。超出上述限额的，须占用其自身的外债额度；外债额度仍然不够的，按未经批准擅自对外借款进行处理。

境内非银行金融机构为债权人，发生境外担保人履约的，境内非银行金融机构在办理国际收支间接申报时，应在申报单上填写该笔外保内贷登记时取得的业务编号。

境内债务人向债权人申请办理外保内贷业务时，应向债权人真实、完整地提供其已办理外保内贷业务的债务违约、外债登记及债务清偿情况。

四、外保内贷业务发生境外担保履约的，境内债务人应在担保履约后15个工作日内到所在地外汇局办理短期外债签约登记及相关信息备案。外汇局在外债签约登记环节对债务人外保内贷业务的合规性进行事后核查。发现违规的，在将违规行为移交外汇检查部门后，外汇局可为其办理外债登记手续。

因境外担保履约而申请办理外债登记的，债务人应当向外汇局提供以下材料：

（一）关于办理外债签约登记的书面申请报告（内容包括公司基本情况、外保内贷业务逐笔和汇总情况、本次担保履约情况及其他需要说明的事项）。

（二）担保合同复印件和担保履约证明文件（合同文本内容较多的，提供合同简明条款并加盖印章；合同为外文的，须提供中文翻译件并加盖债务人印章）。

（三）外商投资企业应提供批准证书、营业执照等文件，中资企业应提供营业执照。

（四）上年度末经审计的债务人财务报表。

（五）外汇局为核查外保内贷业务合规性、真实性而可能要求提供的其他材料（如境外债权人注册文件或个人身份证件）。

五、金融机构办理外保内贷履约，如担保履约资金与担保项下债务提款币种不一致而需要办理结汇或购汇的，应当向外汇局提出申请。金融机构办理境外担保履约款结汇（或购汇）业务，由其分行或总行汇总自身及下属分支机构的担保履约款结汇（或购汇）申请后，向其所在地外汇局集中提出申请。

金融机构提出的境外担保履约款结汇（或购汇）申请，由外汇局资本项目管理部门受理。金融机构作为债权人签订贷款担保合同时无违规行为的，外汇局可批准其担保履约款结汇（或购汇）。若金融机构违规行为属于未办理债权人集中登记等程序性违规的，外汇局可先允许其办理结汇（或购汇），再依据相关法规进行处理；金融机构违规行为属于超出现行政策许可范围等实质性违规且金融机构应当承担相应责任的，外汇局应先移交外汇检查部门，然后再批准其结汇（或购汇）。

六、金融机构申请担保履约款结汇（或购汇），应提交以下文件：

（一）申请书；

（二）外保内贷业务合同（或合同简明条款）；

（三）证明结汇（或购汇）资金来源的书面材料；

（四）债务人提供的外保内贷履约项下外债登记证明文件（因清算、解散、债务豁免或其他合理因素导致债务人无法取得外债登记证明的，应当说明原因）；

（五）外汇局认为必要的其他证明材料。

七、境外担保人向境内金融机构为境内若干债务人发放的贷款组合提供部分担保（风险分担），发生担保履约（赔付）后，如合同约定由境内金融机构代理境外担保人向债务人进行债务追偿，则由代理的金融机构向外汇局报送外债登记数据，其未偿本金余额不得超过该担保合同项下各债务人上年度末经审计的净资产数之和。

第三部分　物权担保外汇管理

一、外汇局仅对跨境担保涉及的资本项目外汇管理事项进行规范，但不对担保当事各方设定担保物权的合法性进行审查。担保当事各方应自行确认以下事项符合相关法律法规，包括但不限于：

（一）设定抵押（质押）权的财产或权利是否符合法律规定的范围；

（二）设定抵押（质押）权在法律上是否存在强制登记要求；

（三）设定抵押（质押）权是否需要前置部门的审批、登记或备案；

（四）设定抵押（质押）权之前是否应当对抵押或质押物进行价值评估或是否允许超额抵押（质押）等；

（五）在实现抵押（质押）权时，国家相关部门是否对抵押（质押）财产或权利的转让或变现存在限制性规定。

二、担保人与债权人之间因提供抵押、质押等物权担保而产生的跨境收支和交易事项，已存在限制或程序性外汇管理规定的，应当符合规定。

国家对境内外机构或个人跨境获取特定类型资产（股权、债权、房产和其他类型资产等）存在限制性规定的，如境外机构从境内机构或另一境外机构获取境内资产，或境内机构从境外机构或另一境内机构获取境外资产，担保当事各方应自行确认担保合同履约不与相关限制性规定产生冲突。

三、当担保人与债权人分属境内、境外，或担保物权登记地（或财产所在地、收益来源地）与担保人、债权人的任意一方分属境内、境外时，境内担保人或境内债权人应按下列规定办理相关外汇管理手续：

（一）当担保人、债权人注册地或担保物权登记地（或财产所在地、收益来源地）至少有两项分属境内外时，担保人实现担保物权的方式应当符合相关法律规定。

（二）除另有明确规定外，担保人或债权人申请汇出或收取担保财产处置收益时，可直接向境内银行提出申请；银行在审核担保履约真实性、合规性并留存必要材料后，担保人或债权人可以办理相关购汇、结汇和跨境收支。

（三）相关担保财产所有权在担保人、债权人之间发生转让，按规定需要办理跨境投资外汇登记的，当事人应办理相关登记或变更手续。

四、担保人为第三方债务人向债权人提供物权担保，构成内保外贷或外保内贷的，应当按照内保外贷或外保内贷相关规定办理担保登记手续，并遵守相关限制性规定。

经外汇局登记的物权担保因任何原因而未合法设立，担保人应到外汇局注销相关登记。

五、境内非银行机构为境外债务人向境外债权人提供物权担保，外汇局在办理内保外贷登记时，应在内保外贷登记证明中简要记录其担保物权的具体内容。

外汇局在内保外贷登记证明中记录的担保物权具体事项，不成为设定相关抵押、质押等权利的依据，也不构成相关抵押或质押合同的生效条件。

六、境内机构为自身债务提供跨境物权担保的，不需要办理担保登记。担保人以法规允许的方式用抵押物折价清偿债务，或抵押权人变卖抵押物后申请办理对外汇款时，担保人参照一般外债的还本付息办理相关付款手续。

第四部分　跨境担保其他事项外汇管理

一、其他形式跨境担保

（一）其他形式跨境担保是指除前述内保外贷和外保内贷以外的其他跨境担保情形。包括但不限于：

1. 担保人在境内、债务人与债权人分属境内或境外的跨境担保；
2. 担保人在境外、债务人与债权人分属境内或境外的跨境担保；
3. 担保当事各方均在境内，担保物权登记地在境外的跨境担保；
4. 担保当事各方均在境外，担保物权登记地在境内的跨境担保。

（二）境内机构提供或接受其他形式跨境担保，在符合境内外法律法规和本规定的前提下，可自行签订跨境担保合同。除外汇局另有明确规定外，担保人、债务人不需要就其他形式跨境担保到外汇局办理登记或备案，无需向资本项目信息系统报送数据。

（三）境内机构办理其他形式跨境担保，应按规定办理与对外债权债务有关的外汇管理手续。担保项下对外债权或外债需要事前办理审批或登记手续的，应当办理相关手续。

（四）除另有明确规定外，境内担保人或境内债权人申请汇出或收取担保履约款时，可直接向境内银行提出申请；银行在审核担保履约真实性、合规性并留存必要材料后，担保人或债权人可以办理相关购汇、结汇和跨境收支。

（五）担保人在境内、债务人在境外，担保履约后构成对外债权的，应当办理对外债权登记；担保人在境外、债务人在境内，担保履约后发生境外债权人变更的，应当办理外债项下债权人变更登记手续。

（六）境内担保人向境内债权人支付担保履约款，或境内债务人向境内担保人偿还担保履约款的，因担保项下债务计价结算币种为外币而付款人需要办理境内外汇划转的，付款人可直接在银行办理相关付款手续。

二、境内债务人对外支付担保费，可按照服务贸易外汇管理有关规定直接向银行申请办理。

三、担保人、债务人不得在明知或者应知担保履约义务确定发生的情况下签订跨境担保合同。担保人、债务人和债权人可按照合理商业原则，依据以下标准判断担保合同是否具备明显的担保履约意图：

（一）签订担保合同时，债务人自身是否具备足够的清偿能力或可预期的还款资金来源；

（二）担保项下借款合同规定的融资条件，在金额、利率、期限等方面与债务人声明的借款资金用途是否存在明显不符；

（三）担保当事各方是否存在通过担保履约提前偿还担保项下债务的意图；

（四）担保当事各方是否曾经以担保人、反担保人或债务人身份发生过恶意担保履约或债务违约。

四、担保人、债务人、债权人向境内银行申请办理与跨境担保相关的购付汇和收结汇时，境内银行应当对跨境担保交易的背景进行尽职审查，以确定该担保合同符合中国法律法规和本规定。

五、具备以下条件之一的跨境承诺，不按跨境担保纳入外汇管理范围：

（一）该承诺不具有契约性质或不受法律约束；

（二）履行承诺义务的方式不包括现金交付或财产折价清偿等付款义务；

（三）履行承诺义务不会同时产生与此直接对应的对被承诺人的债权；

（四）国内有其他法规、其他部门通过其他方式进行有效管理，经外汇局明确不按跨境担保纳入外汇管理范围的跨境承诺，如境内银行在货物与服务进口项下为境内机构开立的即期和远期信用证、已纳入行业主管部门监管范围的信用保险等；

（五）一笔交易存在多个环节，但监管部门已在其中一个环节实行有效管理，经外汇局明确不再重复纳入规模和统计范围的跨境承诺，如境内银行在对外开立保函、开立信用证或发放贷款时要求境内客户提供的保证金或反担保；

（六）由于其他原因外汇局决定不按跨境担保纳入外汇管理范围的相关承诺。

不按跨境担保纳入外汇管理范围的相关承诺，不得以跨境担保履约的名义办理相关跨境收支。

六、跨境担保可分为融资性担保和非融资性担保。融资性担保是指担保人为融资性付款义务提供的担保，这些付款义务来源于具有融资合同一般特征的相关交易，包括但不限于普通借款、债券、融资租赁、有约束力的授信额度等。非融资性担保是指担保人为非融资性付款义务提供的担保，这些付款义务来源于不具有融资合同一般特征的交易，包括但不限于招投标担保、预付款担保、延期付款担保、货物买卖合同下的履约责任担保等。

七、外汇局对境内机构跨境担保业务进行核查和检查，担保当事各方、境内银行应按照外汇局要求提供相关资料。对未按本规定及相关规定办理跨境担保业务的，外汇局根据《中华人民共和国外汇管理条例》（以下简称《条例》）进行处罚。

（一）违反《跨境担保外汇管理规定》（以下简称《规定》）第十一条第（二）项规定，债务人将担保项下资金直接或间接调回境内使用的，按照《条例》第四十一条对担保人进行处罚。

（二）有下列情形之一的，按照《条例》第四十三条处罚：

1. 违反《规定》第八条规定，担保人办理内保外贷业务违反法律法规及相关部门规定的；

2. 违反《规定》第十条规定，担保人超出行业主管部门许可范围提供内保外贷的；

3. 违反《规定》第十二条规定，担保人未对债务人主体资格、担保项下资金用途、预计的还款资金来源、担保履约的可能性及相关交易背景进行审核，对是否符合境内、外相关法律法规未进行尽职调查，或未以适当方式监督债务人按照其申明的用途使用担保项下资金的；

4. 违反《规定》第十四条规定，担保人未经外汇局批准，在向债务人收回提供履约款之前签订新的内保外贷合同的；

5. 违反《规定》第十七条规定，未经批准，债务人、债权人超出范围办理外保内贷业务的；

6. 违反《规定》第十九条第一款规定，境内债务人未经外汇局批准，在偿清对境外担保人债务之前擅自签订新的外保内贷合同或办理新的提款的；

7. 违反《规定》第十九条第二款规定，境内债务人担保履约项下未偿本金余额超过其上年度末经审计的净资产数额的；

8. 违反《规定》第二十七条规定，担保人、被担保人明知或者应知担保履约义务确定发生的情况下仍然签订跨境担保合同的。

（三）有下列情形之一的，按照《条例》第四十七条处罚：

1. 违反《规定》第二十三条第（二）项规定，银行未审查担保履约真实性、合规性或留存必要材料的；

2. 违反《规定》第二十八条规定，境内银行对跨境担保交易的背景未进行尽职审查，以确定该担保交易符合中国法律法规和本规定的。

（四）有下列情形的，按照《条例》第四十八条处罚：

1. 违反《规定》第九条规定，担保人未按规定办理内保外贷登记的；

2. 违反《规定》第十三条规定，担保人未按规定办理内保外贷登记注销手续的；

3. 违反《规定》第十五条规定，担保人或反担保人未按规定办理对外债权登记手续的；

4. 违反《规定》第十八条规定，境内金融机构未按规定向外汇局报送外保内贷业务相关数据的；

5. 违反《规定》第十九条第三款规定，债务人办理外保内贷业务时未向债权人真实、完整地提供其已办理外保内贷业务的债务违约、外债登记及债务清偿情况的；

6. 违反《规定》第二十条规定，境内债务人未按规定到所在地外汇局办理短期外债签约登记及相关信息备案手续的；

7. 违反《规定》第二十三条第（三）项规定，当事人未按规定办理跨境投资外汇登记的；

8. 违反《规定》第二十四条第二款规定，担保人未到外汇局注销相关登记的。

国家外汇管理局《全口径跨境融资宏观审慎管理政策问答（第一期）》

（2017 年 5 月 27 日）

一、过渡期外商投资企业外债管理方式

1.《中国人民银行关于全口径跨境融资宏观审慎管理有关事宜的通知》（银发〔2017〕9 号，以下简称 9 号文）明确，过渡期内外商投资企业可以在现行“投注差”管理模式和 9 号文宏观审慎管理模式下任选一种模式适用。具体如何操作？

答：外商投资企业应于本政策问答发布后第一次办理外债签约备案（登记）时，向所在地外汇局提交书面备案报告，明确其在过渡期内选择的跨境融资管理模式。如选择宏观审慎管理模式，应同时报告最近一期经审计的净资产数据。跨境融资管理模式一经确定，不得变更。

2.《国家外汇管理局关于发布〈外债登记管理办法〉的通知》（汇发〔2013〕19 号，以下简称 19 号文）中明确了部分特殊类型的外商投资企业（如外商投资租赁公司、外商投资性公司等）借用外债规模的特殊要求。9 号文实施后，这些要求是否仍然有效？

答：在另有规定之前仍然有效。外商投资租赁公司、外商投资性公司等特殊类型的外商投资企业，如未选择宏观审慎管理模式，可继续适用 19 号文中明确的外债数量控制方式借用外债。

二、企业外债规模计算

3. 9 号文要求企业每年及时更新跨境融资及权益相关的信息。具体应如何操作？

答：企业应于每年第一次办理外债签约备案（登记）时，向所在地外汇局提交上年末或最近一期经审计的财务报告，用以书面备案其上年末或者最近一期经审计的净资产数额。企业跨境融资合同主要条款（如期限、金额、债权人等）发生变化的，企业应按照 19 号文的相关规定，在发生变化后的 15 个工作日内，到所在地外汇局办理外债签约变更备案（登记）。成立不足一年的企业，如无法提供经审计的财务报告，暂不允许按照宏观审慎管理模式举借外债。

4. 9 号文明确的跨境融资风险加权余额计算公式中仅区分了中长期外债和短期外债的期限风险转换因子不同，那不同期限的外债具体如何纳入计算？是都按照余额纳入计算？还是中长期外债按发生额、短期外债按余额纳入计算？

答：9 号文实施后，选择宏观审慎管理模式的企业，其借用的中长期外债与短期外债均按余额纳入企业跨境融资风险加权余额计算；选择现行“投注差”管理模式的企业（包括普通外商投资企业和特殊类型外商投资企业），其借用的短期外债按余额、中长期外债按发生额纳入外债额度计算。

5. 期限风险转换因子按照还款期限计算，是指按照签约期限还是按照债务剩余期限计算？

答：从计算额度及外债管理的可操作性角度出发，建议按照签约期限确定该笔外债的期限风险转换因子。企业外债合同中包含提前还款条款的，除非提前还款条款明确在合同签约一年后方可提前还款，该合同对应的外债金额全部视同短期跨境融资适用期限风险转换因子。

6.《国家外汇管理局关于发布〈跨境担保外汇管理规定〉的通知》（汇发〔2014〕29号）要求外保内贷履约形成的对外负债，“其未偿本金余额不得超过其上年度末经审计的净资产数额。超出上述限额的，须占用其自身外债额度”。在9号文框架下，外保内贷履约后形成的对外负债是否纳入跨境融资风险加权余额计算？

答：在9号文政策框架下，企业自主借用外债更加便利，而且规模（净资产2倍）也比较宽松，因此境内企业由于外保内贷履约形成的对外负债，应直接占用该企业跨境融资风险加权余额，不再额外给予其他额度。

7. 9号文实施后，经其他外债管理部门批准的境内机构逐笔借用外债，是否纳入该境内机构跨境融资风险加权余额计算？如果超出该机构跨境融资风险加权余额上限如何处理？

答：境内机构经其他外债管理部门（如发展改革委）批准逐笔借用外债的，可以按相关部门批准的签约金额办理外债签约备案（登记）。办理签约备案后，企业跨境融资风险加权余额尚未超过按照9号文计算的跨境融资风险加权余额上限的，仍可正常办理新签约外债的备案（登记）；超过上限的，除外债管理部门另行批准外，不得再办理新的外债签约备案（登记）。

8. 9号文第八条明确，外币跨境融资以提款日的汇率水平折算成人民币计入跨境融资风险加权余额。以提款日汇率水平折算在实践中应如何操作？

答：企业到外汇局办理外债签约备案（登记）时，需要填写该企业跨境融资风险加权余额上限的已占用情况及本次新签约的外债即将占用情况。由于此时一般尚未发生提款，本次新签约外债无法按照提款日汇率折算计入跨境融资风险加权余额，会导致无法准确计算企业跨境融资风险加权余额情况，从而可能出现超额借入外债的情况。鉴于此，从可操作性和管理有效性角度出发，外币跨境融资应统一按照签约日的汇率水平折算。

9. 企业在按照9号文计算跨境融资风险加权余额时，是按照外债合同的签约额计算，还是按照已提款未偿还余额计算？

答：在现行外债管理框架下，企业到外汇局办理外债签约备案（登记）后，在所登记的金额内均可自行提款。考虑到可能存在一笔外债多笔提款的情况，为保证企业借用外债不超过其跨境融资风险加权余额上限，应按照如下原则计算：已进行全额提款的非循环类贷款按未偿本金余额占用跨境融资风险加权余额，其他外债（循环贷款、未提款或部分提款的非循环贷款，含正在申请备案的本笔外债）按签约额占用跨境融资风险加权余额。

10. 因风险转换因子、跨境融资杠杆率和宏观审慎调节参数调整导致企业跨境融资风险加权余额超出上限的，如何处理？

答：因上述原因导致企业跨境融资风险加权余额超出上限的，企业原有跨境融资合约可持有到期；在跨境融资风险加权余额调整到上限内之前，不得办理新的跨境融资业务。

三、企业外债登记、账户及汇兑管理

11. 9号文第四条明确了一系列不纳入跨境融资风险加权余额计算的跨境融资业务类型。这些业务是否不再需要办理相应的外债登记？

答：外债登记的主要目的之一是进行外债统计。出于外债统计准确性的考虑，9号文所明确的不纳入跨境融资风险加权余额计算的跨境融资业务，按照现行外债管理规定需要办理外债登记的，应按规定办理登记。

12. 9号文第十条第三款“开展跨境融资涉及的资金往来，企业可采用一般本外币账户办理，也可采用自由贸易账户办理”应当如何理解？企业按照9号文开展跨境融资业务的，还需要遵守其他外债管理规定吗？

答：这一条款主要是为了区分一般账户和自由贸易账户，这里的“一般账户”不与“专用账户”相对应。因此，企业如选择一般账户开展跨境融资业务，仍应遵守现行外债账户的管理规定。此外，所涉及的签约登记办理时限、签约变更登记、外债资金结汇使用、外债还本付息等，也应遵照19号文、《国家外汇管理局关于改革和规范资本项目结汇管理政策的通知》（汇发〔2016〕16号）等有关规定执行。企业到外汇局办理外债签约备案（登记）时，除应按照19号文要求提供相关材料外，还需提交《宏观审慎外债风险加权余额情况表（企业版）》（见附件）及上年度或最新一期经审计的财务报表。

13. 企业按照9号文开展跨境融资活动融入的资金，在资金使用方面应当遵循哪些规定？

答：企业外债资金使用应遵守《国家外汇管理局关于改革和规范资本项目结汇管理

政策的通知》（汇发〔2016〕16 号）的相关要求，并应注意外债期限与用途期限的匹配。企业借入人民币外债的，还需要同时符合《中国人民银行关于明确外商直接投资人民币结算业务操作细则的通知》（银发〔2012〕165 号）等相关规定。

四、其他

14. 9 号文中明确适用于依法在中国境内成立的法人企业。具体如何把握?

答：对于依法在中国境内成立的企业，如果能提供企业法人营业执照和经审计的独立财务报告，可以根据 9 号文明确的管理方式，按照企业净资产的一定规模开展跨境融资业务。

15. 非银行金融机构在 9 号文框架下开展跨境融资业务的，所涉及的外债数据如何报送?

答：非银行金融机构开展跨境融资业务所涉外债登记及数据报送等事项，按照《国家外汇管理局关于发布〈外债登记管理办法〉的通知》（汇发〔2013〕19 号）办理。对于数据报送量大的非银行金融机构（如财务公司），可在向所在地外汇局备案后，通过数据接口方式报送外债数据。

国家外汇管理局《关于改革和规范资本项目结汇管理政策的通知》

（节　选）

（汇发〔2016〕16号，2016年6月）

一、在全国范围内实施企业外债资金结汇管理方式改革

在中国（上海）自由贸易试验区、中国（天津）自由贸易试验区、中国（广东）自由贸易试验区、中国（福建）自由贸易试验区相关试点经验的基础上，将企业外债资金结汇管理方式改革试点推广至全国。自本通知实施之日起，境内企业（包括中资企业和外商投资企业，不含金融机构）外债资金均可按照意愿结汇方式办理结汇手续。

二、统一境内机构资本项目外汇收入意愿结汇政策

资本项目外汇收入意愿结汇是指相关政策已经明确实行意愿结汇的资本项目外汇收入（包括外汇资本金、外债资金和境外上市调回资金等），可根据境内机构的实际经营需要在银行办理结汇。现行法规对境内机构资本项目外汇收入结汇存在限制性规定的，从其规定。

境内机构资本项目外汇收入意愿结汇比例暂定为100%。国家外汇管理局可根据国际收支形势适时对上述比例进行调整。

在实行资本项目外汇收入意愿结汇的同时，境内机构仍可选择按照支付结汇制使用其外汇收入。银行按照支付结汇原则为境内机构办理每一笔结汇业务时，均应审核境内机构上一笔结汇（包括意愿结汇和支付结汇）资金使用的真实性与合规性。

境内机构外汇收入境内原币划转及其跨境对外支付按现行外汇管理规定办理。

三、境内机构资本项目外汇收入意愿结汇所得人民币资金纳入结汇待支付账户管理

境内机构原则上应在银行开立一一对应的“资本项目—结汇待支付账户”（以下简称结汇待支付账户），用于存放资本项目外汇收入意愿结汇所得人民币资金，并通过该账户办理各类支付手续。境内机构在同一银行网点开立的同名资本金账户、境内资产变现账户、境内再投资账户、外债专用账户、境外上市专用账户及符合规定的其他类型的资本项目账户，可共用一个结汇待支付账户。境内机构按支付结汇原则结汇所得人民币资金不得通过结汇待支付账户进行支付。

结汇待支付账户的收入范围包括：由同名或开展境内股权投资企业的资本金账户、境内资产变现账户、境内再投资账户、外债专用账户、境外上市专用账户及符合规定的其他类型的资本项目外汇账户结汇划入的资金，由同名或开展境内股权投资企业的结汇待支付账户划入的资金，由本账户合规划出后划回的资金，因交易撤销退回的资金，符合规定的人民币收入，账户利息收入，以及经外汇局（银行）登记或外汇局核准的其他收入。

结汇待支付账户的支出范围包括：经营范围内的支出，支付境内股权投资资金和人民币保证金，划往资金集中管理专户、同名结汇待支付账户，购付汇或直接对外偿还外债、划往还本付息专用账户，购付汇或直接汇往境外用于回购境外股份或境外上市其他支出，外国投资者减资、撤资资金购付汇或直接对外支付，为境外机构代扣代缴境内税费，代境内国有股东将国有股减持收入划转社保基金，购付汇或直接对外支付经常项目支出及经外汇局（银行）登记或外汇局核准的其他资本项目支出。

结汇待支付账户内的人民币资金不得购汇划回资本项目外汇账户。由结汇待支付账户划出用于担保或支付其他保证金的人民币资金，除发生担保履约或违约扣款的，均需原路划回结汇待支付账户。

四、境内机构资本项目外汇收入的使用应在经营范围内遵循真实、自用原则

境内机构的资本项目外汇收入及其结汇所得人民币资金，可用于自身经营范围内的经常项下支出，以及法律法规允许的资本项下支出。

境内机构的资本项目外汇收入及其结汇所得人民币资金的使用，应当遵守以下规定：

（一）不得直接或间接用于企业经营范围之外或国家法律法规禁止的支出；

（二）除另有明确规定外，不得直接或间接用于证券投资或除银行保本型产品之外的其他投资理财；

（三）不得用于向非关联企业发放贷款，经营范围明确许可的情形除外；

（四）不得用于建设、购买非自用房地产（房地产企业除外）。

境内机构与其他当事人之间对资本项目收入使用范围存在合同约定的，不得超出该合同约定的范围使用相关资金。除另有规定外，境内机构与其他当事人之间的合同约定不应与本通知存在冲突。

国家外汇管理局

2016 年 6 月 9 日

国家外汇管理局《关于进一步推进外汇管理改革完善真实合规性审核的通知》

（节　选）

（汇发〔2017〕3号，2017年1月）

二、允许内保外贷项下资金调回境内使用。债务人可通过向境内进行放贷、股权投资等方式将担保项下资金直接或间接调回境内使用。银行发生内保外贷担保履约的，相关结售汇纳入银行自身结售汇管理。

国家外汇管理局《〈关于进一步推进外汇管理改革完善真实合规性审核的通知〉政策问答（第二期）》

（节 选）

（2017 年 4 月 27 日）

1. 内保外贷项下资金调回境内使用，相关主体应履行什么程序？

答：境外债务人将内保外贷项下资金以外债形式调回境内的，境内借用资金的机构应满足现行外债管理的相关要求，按规定办理外债登记，并应按照全口径跨境融资宏观审慎管理模式或《外债登记管理办法》模式的相关要求控制资金调回规模。

境外债务人用内保外贷项下资金向境内机构进行股权投资，应满足相关主管部门对外商直接投资（FDI）的管理规定，接受投资的境内机构应按规定办理外汇登记。

2. 《通知》允许内保外贷项下资金调回境内使用，是否意味着《国家外汇管理局关于发布〈跨境担保外汇管理规定〉的通知》（汇发〔2014〕29 号，以下简称 29 号文）附件 2《跨境担保外汇管理操作指引》（以下简称《操作指引》）中关于内保外贷项下资金用途的相关要求不再有效？

答：29 号文关于内保外贷项下资金用途的规定包括几方面：

一是《操作指引》第一部分第四点（一）“内保外贷项下资金仅用于债务人正常经营范围内的相关支出，不得用于支持债务人从事正常业务范围以外的相关交易，不得虚构贸易背景进行套利，或进行其他形式的投机性交易”。此项要求仍然有效，即内保外贷项下资金仍然只能用于债务人正常经营范围内的相关支出。

二是《操作指引》第一部分第四点（二）“未经外汇局批准，债务人不得通过向境内进行借贷、股权投资或证券投资等方式将担保项下资金直接或间接调回境内使用”。随着《通知》的发布实施，内保外贷项下资金可以通过外债及股权投资方式调回境内使用，但仍不得通过证券投资方式将内保外贷项下资金直接或间接调回境内使用。另外需要注意的是，《操作指引》中列举的四类直接或间接股权、债权投资回流限制不再适用。

三是《操作指引》第一部分第四点（三）内保外贷合同项下发生特殊类型交易时需要满足其他特定要求。内保外贷合同项下发生《操作指引》第一部分第四点（三）

所列特殊类型交易时，仍按照《操作指引》第一部分第四点（三）执行。①

3.《通知》发布实施前已经办理内保外贷登记的，可否按照《通知》精神将内保外贷项下资金调回境内使用？

答：《通知》发布实施前已经办理内保外贷登记的，如需将内保外贷项下资金调回境内使用，应由境内机构先到所在地外汇局办理内保外贷变更登记，再按规定办理外债登记或外商直接投资登记。外汇局在办理内保外贷签约及变更登记时，应在备注栏注明内保外贷项下资金是否调回境内使用以及资金具体用途。

4. 内保外贷项下资金按照《通知》要求调回境内后，归还境外贷款时可否从境内汇出？

答：可以。根据内保外贷项下资金回流渠道不同，实行不同的汇出管理：以外债形式回流的，按照外债还本付息方式汇出；以股权投资形式回流的，按照外商直接投资的相关规定（如：股息、红利、转股、减资、撤资、清算等）汇出。

5.《通知》实施后，银行作为担保人的内保外贷发生担保履约的，相关购付汇手续如何操作？

答：《通知》实施后银行新提供的内保外贷，如果发生担保项下主债务违约，银行应先使用自有资金履约，不得以反担保资金直接购汇履约；银行履约后造成本外币资金不匹配的，需经所在地外汇分局备案后办理结售汇相关手续。

6. 在跨境担保业务项下，担保合同与履约币种可否不一致？

答：为避免货币错配风险，原则上要求担保合同（或保函）币种与履约币种一致。

7. 内保外贷项下资金用于境外直接投资，有何注意事项？

答：一是以内保外贷境外融资替代境内机构货币出资的境外投资项目，如按照现行对外投资相关监管原则，境内机构境外股权投资受到限制的，暂停办理相关跨境担保业务，担保人为非银行机构的，外汇局不予办理内保外贷登记；担保人为银行的，银行不得为此提供担保。

二是内保外贷项下资金如果用于房地产、酒店、影城、娱乐业、体育俱乐部等特殊行业的，或者是用于大额非主业投资、有限合伙企业对外投资、“母小子大”、“快设快出”等类型对外投资的，担保人为银行的，银行应按照现行对外投资相关监管原则加强审核；担保人为非银行机构的，所在地外汇局在为其办理内保外贷登记时，应按照现行对外投资相关监管原则加强审核。

---

① 按照《操作指引》第一部分第四点（三），通过内保外贷方式境外发债的资金应用于境外投资项目，实践中已可以通过外债或股权投资等方式回流境内。

8. 银行境外放款项下资金用于境外直接投资，有何注意事项?

答： 应加强银行对境外机构发放贷款的管理。银行境外放款用于支持境内机构境外投资项目的，如果按照现行对外投资相关监管原则，境内机构境外股权投资受到限制的，银行不得为相关主体发放境外贷款。

国家外汇管理局《资本项目外汇业务操作指引（2017年）》

（节　选）

2.2　非银行债务人外债签约（变更）登记

主要法规依据

1.《中华人民共和国外汇管理条例》（国务院令第532号）。

2.《外债统计监测暂行规定》（1987年公布）。

3.《国家外汇管理局关于发布〈外债登记管理办法〉的通知》（汇发〔2013〕19号）。

4.《国家外汇管理局关于废止和修改涉及注册资本登记制度改革相关规范性文件的通知》（汇发〔2015〕20号）。

5.《中国人民银行关于全口径跨境融资宏观审慎管理有关事宜的通知》（银发〔2017〕9号）。

6. 其他相关法规。

审核材料

1. 申请书［内容包括但不限于债务人与债权人基本情况，本次拟备案（登记）外债金额、利率、期限、用途等要点，预计还款资金来源等］。

2. 外债合同正本和合同主要条款复印件，合同为外文的应另附合同主要条款的中文译本。对外发行债券的，需提供发行通函、认购协议正本及协议主要条款复印件、全球债券证书等材料，材料为外文的应另附主要内容中文译本。

3. 中资企业应提供营业执照（尚未办理“五证合一”的企业，还需提供组织机构代码证）、上年度或最近一期经审计的财务报告、《宏观审慎跨境融资风险加权余额情况表（企业版）》等材料。

4. 外商投资企业应提供批准证书或《外商投资企业设立/变更备案回执》、营业执照（尚未办理“五证合一”的企业，还需提供组织机构代码证）、跨境融资管理模式选择的书面说明等材料。选择宏观审慎管理模式的，还应提供上年度或最近一期经审计的财务报告、《宏观审慎跨境融资风险加权余额情况表（企业版）》。

5. 经其他外债管理部门批准逐笔借用外债的，还应提供相关批准文件。

6. 外汇局要求提供的其他材料。

审核原则

1. 除财政部门、银行以外的其他境内债务人（以下简称“非银行债务人”），应当在外债合同签约后15个工作日内，到所在地外汇局办理外债签约登记手续。

办理外债签约登记后，外汇局应发给非银行债务人加盖资本项目业务印章的《境内机构外债签约情况表》和《业务登记凭证》。

2. 境内机构在境外发行债券的，无论期限长短，均应在境外债券交割后5个工作日内，按规定到所在地外汇局办理外债签约登记手续。境内机构对外发行短期债券的，应纳入全口径跨境融资宏观审慎政策框架进行管理。采用“投注差”外债管理模式的境内外商投资企业（包括2007年6月1日前成立的外资房地产企业）在境外发行短期债券，所发行的短期债券应占用该企业按“投注差”方式计算的外债额度。

3. 中资非银行债务人按照宏观审慎管理模式借入外债。2018年1月12日以前，外资非银行金融机构可在现行外债管理模式和宏观审慎管理模式下任选一种模式适用。2018年1月12日以后，外资非银行金融机构自动适用宏观审慎管理模式。

4. 在银发〔2017〕9号文件所规定的过渡期内，外商投资企业第一次办理外债签约登记时，应向所在地外汇局提交书面备案报告，明确其在过渡期内选择的跨境融资管理模式。如选择宏观审慎管理模式，应同时报告最近一期经审计的净资产数据。跨境融资管理模式一经确定，不得变更。过渡期结束后，外商投资企业跨境融资管理模式由中国人民银行、国家外汇管理局根据全口径跨境融资宏观审慎管理政策（以下简称宏观审慎管理政策）总体实施情况评估后确定。

5. 属于地方政府融资平台性质的公司与房地产企业，不适用于宏观审慎管理模式。外商投资性公司境内再投资企业借用外债比照外商投资企业进行管理。

6. 宏观审慎管理模式按以下原则进行管理：

（1）跨境融资风险加权余额≤跨境融资风险加权余额上限。

（2）跨境融资风险加权余额 = ∑本外币跨境融资余额 × 期限风险转换因子 × 类别风险转换因子 + ∑外币跨境融资余额 × 汇率风险折算因子。

①期限风险转换因子：还款期限在1年（不含）以上的中长期跨境融资的期限风险转换因子为1，还款期限在1年（含）以下的短期跨境融资的期限风险转换因子为1.5。非银行债务人外债合同中包含提前还款条款的，除非提前还款条款明确在合同签约一年后方可提前还款，该合同对应的外债金额全部视同短期跨境融资适用期限风险转换因子。

②类别风险转换因子：表内融资的类别风险转换因子设定为1，表外融资（或有负债）的类别风险转换因子暂定为1。

③汇率风险折算因子：0.5。

（3）跨境融资风险加权余额上限 = 资本或净资产 × 跨境融资杠杆率 × 宏观审慎调节参数。

①企业按净资产计，非银行法人金融机构按资本（实收资本或股本 + 资本公积）计，以最近一期经审计的财务报告为准。

②跨境融资杠杆率：企业为2，非银行法人金融机构为1。

③宏观审慎调节参数：1。

（4）以下业务类型不纳入跨境融资风险加权余额计算（按照现行外债管理相关规定需要办理外债登记的，仍应办理外债登记）：

①被动负债：企业和金融机构因境外机构投资境内债券市场产生的本外币被动负债；境外主体存放在金融机构的本外币存款；合格境外机构投资者（QFII）或人民币合格境外机构投资者（RQFII）存放在金融机构的 QFII、RQFII 托管资金；境外机构存放在金融机构托管账户的境内发行人民币债券所募集的资金。

②贸易信贷、贸易融资：企业涉及真实跨境贸易产生的贸易信贷（包括应付和预收）和从境外金融机构获取的贸易融资；金融机构因办理基于真实跨境贸易结算产生的各类贸易融资。

③集团内部资金往来：企业主办的经备案的集团内跨境资金集中管理业务项下产生的对外负债。

④境外同业存放、拆借、联行及附属机构往来：金融机构因境外同业存放、拆借、联行及附属机构往来产生的对外负债。

⑤自用熊猫债：企业的境外母公司在中国境内发行人民币债券并以放款形式用于境内子公司的。

⑥转让与减免：企业和金融机构跨境融资转增资本或已获得债务减免等情况下，相应金额不计入。

（5）金融机构向客户提供的内保外贷按 20% 纳入跨境融资风险加权余额计算；金融机构因客户基于真实跨境交易和资产负债币种及期限风险对冲管理服务需要的衍生产品而形成的对外或有负债，及因自身币种及期限风险对冲管理需要，参与国际金融市场交易而产生的或有负债，按公允价值纳入跨境融资风加权余额计算。金融机构在报送数据时需同时报送本机构或有负债的名义本金及公允价值的计算方法。

（6）非银行债务人在计算跨境融资风险加权余额占用情况时，已进行全额提款的非循环类贷款按未偿本金余额占用跨境融资风险加权余额，由于外保内贷履约形成的对外负债按履约额占用跨境融资风险加权余额，其他外债（循环贷款、未提款或部分提款的非循环贷款，含正在申请备案的本笔外债）按签约额占用跨境融资风险加权余额。

（7）跨境融资风险加权余额及上限的计算均以人民币为单位。外币跨境融资以签约日的汇率水平，按以下方式折算计入：已在中国外汇交易中心挂牌（含区域挂牌）交易的外币，适用人民币汇率中间价或区域交易参考价；未在中国外汇交易中心挂牌交易的货币，适用中国外汇交易中心公布的人民币参考汇率。

（8）非银行债务人在宏观审慎管理政策发布实施前符合外债管理规定借用的外债，在宏观审慎管理政策发布实施后，其跨境融资风险加权余额超出上限的，不得新借外债，直到跨境融资风险加权余额调整至规定上限以内。因跨境融资风险加权余额计算公式的相关系数调整或非银行债务人自身财务和经营状况的调整，导致非银行债务人跨境融资风险加权余额提高或上限降低的，原有跨境融资合约可持有到期；在跨境融资风险加权余额调整到上限内之前，不得办理新的跨境融资业务。

7. 现行外债管理模式按以下原则进行管理：

（1）投注差

除另有规定外，外商投资企业借用的短期外债余额和中长期外债发生额之和不得超过经商务主管部门核准或备案的投资总额与其注册资本的差额（以下简称“投注差”）。外商投资企业实际可借用外债额度等于外方股东资本金到位比例乘以“投注差”。

（2）短期外债余额指标

见本操作指引“2.1 短期外债余额指标核准”中审核原则相关内容。

（3）其他外债数量控制方式

①外商投资性公司的外债规模按以下原则管理：注册资本不低于3000万美元的，其外债余额不得超过已缴付注册资本的4倍；注册资本不低于1亿美元的，其外债余额不得超过已缴付注册资本的6倍。

②外商投资租赁公司对外借款，应根据外商投资租赁公司提供的上年度经审计的报表，计算出上年度末风险资产总额（A），再计算净资产的10倍（B），然后将（B－A）作为新年度期间该公司可新借外债的余额的最高限额。借用外债形成的资产全部计算为风险资产。年度期间实际可借外债额度为该公司可新借外债的余额的最高限额乘以外方股东注册资本金到位比例。

8. 外方股东注册资本金到位比例，由所在地外汇局登录资本项目信息系统查询企业到资情况并打印留存。

9. 外商投资房地产企业的外债按以下原则管理：

（1）对2007年6月1日以后（含）取得商务主管部门批准证书且通过商务部备案的外商投资房地产企业，不予办理外债签约登记手续。

（2）对2007年6月1日以前（不含）成立的外商投资房地产企业，可在原“投注差”范围内按相关规定举借外债；增资后“投注差”小于其增资前“投注差”的，以增资后“投注差”为准。

（3）外商投资房地产企业未取得《国有土地使用证》的，或开发项目资本金未达到项目投资35%的，不得向境外借用外债，外汇局不予办理外债签约登记。

10. 以下含有外国投资的境内机构，除另有规定外，其举借外债参照境内中资企业举借外债的规定办理：

（1）外国投资者出资比例低于25%的境内企业。

（2）投资总额与注册资本相等的外商投资企业。

（3）外国投资者比例不低于25%，但未明确投资总额的外商投资企业。

11. 经其他外债管理部门批准逐笔借用外债的，可以按相关部门批准的签约金额办理外债签约登记。办理签约备案后，企业跨境融资风险加权余额尚未超过按照银发〔2017〕9号文件计算的跨境融资风险加权余额上限的，仍可正常办理新签约外债的登记；超过上限的，除外债管理部门另行批准外，不得再办理新的外债签约登记。

12. 企业和金融机构的跨境融资签约币种、提款币种和偿还币种须保持一致。

13. 审核申请书、《境内机构外债签约情况表》、其他外债管理部门批准文件等填写的内容是否与借款合同内容一致。

14. 审核借款合同中当事各方、币种、金额、期限、利率、借款用途和适用法律等主要条款。

15. 不具备吸存放贷业务资格的非存款类金融机构外债资金经外汇局批准可结汇使用，用于服务实体经济发展，并符合国家产业宏观调控方向。非银行金融机构外债还本付息购汇须经所在地外汇局核准。

16. 对于依法在中国境内成立的企业，如果能提供企业法人营业执照和经审计的独立财务报告，可以根据银发〔2017〕9 号文件明确的管理方式，按照企业净资产的一定规模开展跨境融资业务。

17. 境内非银行机构在境外发行债券，按照当地监管要求须以自身名义开立账户存放发债募集资金的，非银行机构可自行开立相关账户。

授权范围

1. 外债签约登记由非银行债务人所在地外汇局办理。

2. 不具备吸存放贷业务资格的非存款类金融机构外债结汇，由国家外汇管理局授权所在地外汇分局批准。

注意事项

1. 外债的统计范围包括居民对非居民承担的具有契约性偿还义务的全部债务。外债的规模管理范围与其统计范围存在差异。根据外债统计、监测和管理等实际需要，目前，外债可进行以下分类：

（1）按照各部门外债管理职能分工，外债可分为外国政府贷款、国际金融组织贷款和国际商业贷款。

（2）按照债务人类型，外债可分为代表国家举借并以国家信用保证对外偿还的主权外债以及由境内其他机构借用的非主权外债。非主权外债可分为银行外债、非银行金融机构外债、中资企业外债、外商投资企业外债和其他机构外债。

（3）按照债权人类型，外债可分为：

①向外国政府、国际金融组织和政策性金融机构借款。

②向境外银行和其他金融机构借款。

③向境外企业和自然人借款。

（4）按照债务工具类型，外债可分为：

①直接贷款（包括境外机构提供的买方或卖方信贷，银行的同业拆借、同行往来等）。

②境外发行的标准化债务工具，如中长期债券（含可转换债券）、短期债券（含商业票据、大额可转让存单等）。

③境内银行吸收的非居民存款，境内银行对外开立的已承兑未付款远期信用证、委托境外银行办理的海外代付或其他具有相似性质的负债类银行贸易融资。

④以实物形式办理提款而形成的金融性债务，如融资租赁、补偿贸易中用现汇偿还的债务、贵金属拆借等。

⑤境内机构在对外货物或服务贸易中产生的预收款、应付款等企业间贸易信贷。

（5）按照外债的签约期限，外债可分为短期外债和中长期外债。

①短期外债是指债务人和债权人签订的约定还款期限在 1 年（含）以下的外债。

②中长期外债是指债务人和债权人签订的约定还款期限在 1 年（不含）以上的外债。

2. 境内银行从其在境外设立的非法人分支机构借款，应纳入外债统计。境内银行在境外设立的非法人分支机构从境外机构或个人办理借款，不纳入规模管理和外债统计。除上述规定外，其他境内机构在境外设立的非法人机构从境外机构或个人借款，应视同境内机构对外借款进行规模管理，但其对境外机构承担债务不纳入外债统计范围。

3. 外商投资企业因增资、转股和改制等原因，导致外国投资者出资比例低于 25%，或企业类型发生改变，而无法计算其“投注差”的，则改为参照中资企业借用外债进行管理。

4. 非银行债务人可自行与境内银行或境外债权银行签订以锁定外债还本付息风险为目的，与汇率或利率相关的保值交易合同，并直接到银行办理交割。签订保值交易合同、办理保值交易合同交割时，非银行债务人的交易对手银行、办理交割款项汇出的银行等，应当确认该笔交易具备合法、清晰的实盘背景。

（1）非银行债务人获得的保值交易外汇收入，可直接到银行办理结汇或开立资本项目专用账户保留。

（2）非银行债务人可直接到银行购汇或使用自有外汇办理交割。

5. 已办理签约登记的外债合同主要条款发生变化，如期限（展期等）、金额、债权人等，非银行债务人应参照上述程序办理外债签约变更登记。

6. 非银行债务人融资租赁、售后融资性回租等，应按本操作指引办理外债签约登记手续。

7. 非银行债务人签订借款合同后未按规定及时办理外债签约登记的，须按以下规定补办理外债签约登记：

（1）非银行债务人外债合同签约后 15 个工作日内没有及时办理签约备案（登记），但截至非银行债务人申请日尚未发生外债首次提款的，如能说明合理原因，外汇局可按正常程序为其办理签约登记手续；不能说明合理原因的，外汇局可按未及时办理外债签约登记进行处理。

（2）非银行债务人补办理外债登记时，已发生外债提款的（境内机构境外发债的除外），除按照本操作指引的一般要求提交相关资料外，还需提交能够证明其已发生对外负债的相关材料，补登记金额仅限于经核实已入账尚未偿还的债务余额。

（3）外债登记部门认为存在违规情形且需要进行处理的，应移交外汇检查部门后再补办理外债登记手续。

8. 非银行债务人购汇偿还外债，除另有规定外，应遵循实需原则。

9. 除另有规定外，对外货物或服务贸易中产生的预收款和应付款，以及除外债之外其他金融资产交易产生的对外应付款及相关息费等，不纳入外债规模管理，无需按照本操作指引办理外债登记。境内付款方应当按照与基础交易相关的外汇管理规定办理对价及附属费用的对外支付。

10. 对于境内非银行债务人向离岸银行借用的离岸贷款，继续视同外债管理，占用境内借款人的跨境融资风险加权余额上限或外商投资企业的“投注差”。

11. 非银行金融机构借用外债，所涉外债登记及数据报送等事项，比照企业办理。对于数据报送量大的非银行金融机构（如财务公司），可在向所在地外汇局备案后，通过数据接口方式报送外债数据。

12. 非银行债务人借用外债或对外发行债券的，原则上应将所涉资金调回境内使用，经外汇局批准存放境外的除外。境内非银行机构境外发债募集资金境外使用，应符合现行外汇管理及相关法律法规要求。经外汇局批准存放境外的，境内债务人应按照现行规定到所在地外汇局办理逐笔非资金划转类提款备案。

13. 境内非银行债务人借用外债或在境外发行债券，经外汇局批准将募集资金存放境外的，后续不得从境内汇出资金用于债券还本付息。

14. 境内机构经批准在境外发行非参与型优先股的，应当按照外债管理相关规定办理外债登记手续，债务类型为债务证券。

2.7　内保外贷签约（变更）登记

主要法规依据

1. 《中华人民共和国外汇管理条例》（国务院令第 532 号）。

2. 《国家外汇管理局关于发布〈跨境担保外汇管理规定〉的通知》（汇发〔2014〕29 号）。

3. 《国家外汇管理局关于对部分非银行机构内保外贷业务实行集中登记管理的通知》（汇发〔2015〕15 号）。

4. 《国家外汇管理局关于发布〈金融机构外汇业务数据采集规范（1.1 版）〉的通知》（汇发〔2016〕22 号）。

5. 《国家外汇管理局关于进一步推进外汇管理改革完善真实合规性审核的通知》（汇发〔2017〕3 号）。

6. 其他相关法规。

审核材料

一、非银行机构

1. 申请书（内容包括但不限于担保申请人及债务人基本情况、已办理且未了结的各项跨境担保余额、本次担保交易内容要点、预计还款资金来源、其他需要说明的事项。有共同担保人的，应在申请报告中说明）。

2. 担保合同和担保项下主债务合同（合同文本内容较多的，提供合同简明条款并加盖印章；合同为外文的，须提供中文翻译件并加盖印章）。

3. 外汇局认为需要补充的相关证明材料（如发改委、商务部门关于境外投资项目的批准文件、被担保人主体资格合法性证明、担保的商业合理性证明、被担保人还款能力证明、办理变更登记时需要提供的变更材料等）。

二、银行

担保人为银行的，由担保人每日通过数据接口程序或其他方式向外汇局资本项目信息系统报送内保外贷业务相关数据。

审核原则

1. 担保人为非银行机构的，应在签订担保合同后15个工作日内到所在地外汇局办理内保外贷签约登记手续。外汇局按照真实、合规原则对担保人的登记申请进行程序性审核，并为其办理登记手续。外汇局对担保合同的真实性、商业合理性、合规性及履约倾向存在疑问的，有权要求担保人做出书面解释。外汇局按照合理商业标准和相关法规，认为担保人解释明显不成立的，可以出具不予受理通知书，并说明原因。担保人未在规定期限内到外汇局办理担保登记的，如能说明合理原因，且担保人提出登记申请时尚未出现担保履约意向的，外汇局可按正常程序为其办理补登记；不能说明合理原因的，外汇局可按未及时办理担保登记进行处理，在移交外汇检查部门后再为其办理补登记手续。符合条件的非银行机构，可按照相关规定办理内保外贷集中登记。

2. 应审核债务人主体资格是否合法。对于债务人为境内居民直接或间接控制的境外机构，应审核其是否已经按照有关规定办理了相应的境外投资外汇登记。

3. 内保外贷项下资金仅用于债务人正常经营范围内的相关支出，不得用于支持债务人从事正常业务范围以外的相关交易，不得为境外投资受限制的项目提供资金，不得虚构贸易背景进行套利，或进行其他形式的投机交易。以内保外贷境外融资替代境内机构货币出资的境外投资项目，担保人为银行的，银行应按照现行对外投资相关监管原则加强审核；担保人为非银行机构的，所在地外汇局在为其办理内保外贷登记时，应按照现行对外投资相关监管原则加强审核。

4. 债务人可通过向境内进行放贷、股权投资等方式将担保项下资金直接或间接调回境内使用。未经外汇局批准，担保项下资金不得直接或间接用于境内证券投资。境外债务人将内保外贷项下资金以外债形式调回境内的，境内借用资金的机构应满足现行外债管理的相关要求，按规定办理外债登记，并应按照现行外债管理模式的相关要求控制资金调回规模。境外债务人用内保外贷项下资金向境内机构进行股权投资，应满足相关主管部门对外商直接投资的管理规定，接受投资的境内机构应按规定办理外汇登记。

5. 内保外贷合同项下发生以下类型特殊交易时，应符合以下规定：

（1）内保外贷项下担保责任为境外债务人债券发行项下还款义务时，境外债务人应由境内机构直接或间接持股。

（2）内保外贷合同项下融资资金用于直接或间接获得对境外其他机构的股权（包括新设境外企业、收购境外企业股权和向境外企业增资）或债权时，该投资行为应当符合国内相关部门有关境外投资的规定。

（3）内保外贷合同项下义务为境外机构衍生交易项下支付义务时，债务人从事衍生交易应当以止损保值为目的，符合其主营业务范围且经过股东适当授权。

6. 同一内保外贷业务下存在多个境内担保人的，可自行约定其中一个担保人到所在地外汇局办理登记手续。外汇局在办理内保外贷登记时，应在备注栏中注明其他担保人及其担保份额等相关内容。

7. 境内机构为境外机构（债务人）向其境外担保人提供的反担保，按内保外贷进行管理，提供反担保的境内机构须遵守《跨境担保外汇管理规定》。境内机构按内保外贷规定为境外机构（债务人）提供担保时，其他境内机构为债务人向提供内保外贷的境内机构提供反担保，不按内保外贷进行管理，但需符合相关外汇管理规定。

8. 担保人为第三方债务人向债权人提供物权担保，构成内保外贷的，应当按照内保外贷相关规定办理担保登记手续，并遵守相关限制性规定。经外汇局登记的物权担保因任何原因而未合法设立，担保人应到外汇局注销相关登记。

9. 非银行金融机构作为担保人提供内保外贷，按照行业主管部门规定，应具有相应担保业务经营资格。境内个人可作为担保人并参照非金融机构办理内保外贷业务。

10. 担保人对担保责任上限无法进行合理预计的内保外贷，如境内企业出具的不明确赔偿金额上限的项目完工责任担保，可以不办理登记，但经外汇局核准后可以办理担保履约手续。

11. 担保人、债务人不得在明知或者应知担保履约义务确定发生的情况下签订跨境担保合同。可按照合理商业原则，依据以下标准判断担保合同是否具备明显的担保履约意图：

（1）签订担保合同时，债务人自身是否具备足够的清偿能力或可预期的还款资金来源；

（2）担保项下借款合同规定的融资条件，在金额、利率、期限等方面与债务人声明的借款资金用途是否存在明显不符；

（3）担保当事各方是否存在通过担保履约提前偿还担保项下债务的意图；

（4）担保当事各方是否曾经以担保人、反担保人或债务人身份发生恶意担保履约或债务违约。

12. 担保合同或担保项下主债务合同主要条款发生变更的（包括债务合同展期以及债务或担保金额、债务或担保期限、债权人等发生变更），应当在15个工作日办理内保外贷签约变更登记手续，变更登记参照本项操作指引办理。

13. 担保人办理内保外贷业务时，应对债务人主体资格、担保项下资金用途、预计的还款资金来源、担保履约的可能性及相关交易背景进行审核，对是否符合境内、外相关法律法规进行尽职调查，并以适当方式监督债务人按照其申明的用途使用担保项下资金。

14. 在内保外贷签约环节的管理和统计上，境内银行离岸部均视同为境外机构。

授权范围

符合条件的，由所在地外汇局办理。境内担保人为个人的，应在户籍所在地外汇局办理。

注意事项

1. 内保外贷是指担保人注册地在境内、债务人和债权人注册地均在境外的跨境担保。

2. 非银行机构提供内保外贷后未办理登记但需要办理担保履约的，担保人须先向外汇局申请办理内保外贷补登记，然后凭补登记文件到银行办理担保履约手续。外汇局在办理补登记前，应先移交外汇检查部门。

3. 内保外贷业务发生履约的，成为对外债权人的境内担保人或反担保人应当到所在地外汇局办理对外债权登记手续。担保人为银行的，汇发〔2017〕3 号文实施后银行新提供的内保外贷，如果发生担保项下主债务违约，应先使用自有资金履约，不得以反担保资金直接购汇履约；银行履约后造成本外币资金不匹配的，需经所在地外汇局备案后办理结售汇相关手续。担保人为非银行机构的，在境外债务人偿清因担保人履约而对境内担保人承担的债务之前（因债务人破产、清算等原因导致其无法清偿债务的除外），未经外汇局批准，担保人须暂停签订新的内保外贷合同。

4. 境内非银行机构为境外债务人向境外债权人提供物权担保，外汇局在办理内保外贷登记时，应在内保外贷登记证明中简明记录其担保物权的具体内容。外汇局在内保外贷登记证明中记录的担保物权具体事项，不成为设定相关抵押、质押等权利的依据，也不构成相关抵押或质押合同的生效条件。

5. 境内机构为自身债务提供跨境物权担保的，不需要办理担保登记。担保人以法规允许的方式用抵押物折价清偿债务，或抵押权人变卖抵押物后申请办理对外汇款时，担保人参照一般外债的还本付息办理相关付款手续。

6. 境内机构提供或接受其他形式跨境担保，在符合境内外法律法规和担保管理有关规定的前提下，可自行签订跨境担保合同。除外汇局另有明确规定外，担保人、债务人不需要就其他形式跨境担保到外汇局办理登记或备案，无需向资本项目信息系统报送数据。

7. 汇发〔2017〕3 号文件发布实施前已经办理内保外贷登记的，如需将内保外贷项下资金调回境内使用，应由境内机构先到所在地外汇局办理内保外贷变更登记，再按规定办理外债登记或外商直接投资登记。外汇局在办理内保外贷签约及变更登记时，应在备注栏注明内保外贷项下资金是否调回境内使用以及资金具体用途。

8. 外汇局经办人员应登录资本项目信息系统打印《对外担保登记表》和《业务登记凭证》。

第六部分

行业主管部门关于境外发债的主要规定

（一）商业银行

全国人大常委会《中华人民共和国商业银行法》

（节　选）

（主席令第34号，2015年8月）

第四十五条　商业银行发行金融债券或者到境外借款，应当依照法律、行政法规的规定报经批准。

第七十六条　商业银行有下列情形之一，由中国人民银行责令改正，有违法所得的，没收违法所得，违法所得五十万元以上的，并处违法所得一倍以上五倍以下罚款；没有违法所得或者违法所得不足五十万元的，处五十万元以上二百万元以下罚款；情节特别严重或者逾期不改正的，中国人民银行可以建议国务院银行业监督管理机构责令停业整顿或者吊销其经营许可证；构成犯罪的，依法追究刑事责任：

（一）未经批准办理结汇、售汇的；

（二）未经批准在银行间债券市场发行、买卖金融债券或者到境外借款的；

（三）违反规定同业拆借的。

中国银保监会《中资商业银行行政许可事项实施办法》

（节　选）

（中国银保监会令 2018 年第 5 号，2018 年 8 月）

第六十五条　国有商业银行、邮政储蓄银行、股份制商业银行申请募集次级定期债务、申请发行次级债券、混合资本债或金融债及其他债务、资本补充工具，由银监会受理、审查并决定。银监会自受理之日起 3 个月内作出批准或不批准的书面决定。

城市商业银行申请募集次级定期债务、申请发行次级债券、混合资本债或金融债及其他债务、资本补充工具，由所在地银监局受理、审查并决定。所在地银监局自受理之日起 3 个月内作出批准或不批准的书面决定。

中国人民银行、国家发展改革委《境内金融机构赴香港特别行政区发行人民币债券管理暂行办法》

（中国人民银行、国家发展和改革委员会公告〔2007〕第12号，2007年6月）

第一条　为进一步促进香港人民币业务的发展，规范境内金融机构赴香港特别行政区发行人民币债券行为，根据《中华人民共和国中国人民银行法》及相关法律、行政法规，制定本暂行办法。

第二条　本暂行办法所称境内金融机构是指在中华人民共和国境内（不含香港、澳门特别行政区，台湾地区）依法设立的政策性银行和商业银行。

第三条　本暂行办法所称人民币债券是指境内金融机构依法在香港特别行政区内发行的、以人民币计价的、期限在1年以上按约定还本付息的有价证券。具体发债期限可根据内地宏观经济金融形势和资本账户可兑换进程确定。

第四条　境内金融机构赴香港特别行政区发行人民币债券应向中国人民银行递交申请材料，并抄报国家发展和改革委员会。中国人民银行会同国家发展和改革委员会依法对境内金融机构赴香港特别行政区发行人民币债券的资格和规模进行审核，并报国务院。

第五条　国家外汇管理局依法对境内金融机构在香港特别行政区发行人民币债券所筹的资金进行登记和统计监测，并对境内金融机构兑付债券本息进行核准。

第六条　商业银行赴香港特别行政区发行人民币债券应具备以下条件：

（一）具有良好的公司治理机制；

（二）核心资本充足率不低于4%；

（三）最近3年连续盈利；

（四）贷款损失准备计提充足；

（五）风险监管指标符合监管机构的有关规定；

（六）最近3年没有重大违法、违规行为；

（七）中国人民银行规定的其他条件。

政策性银行在香港特别行政区发行人民币债券比照商业银行条件办理。

第七条　金融机构发行人民币债券的申请材料应当包括：

（一）发行人民币债券的申请报告；

（二）董事会同意发行人民币债券的决议或具有相同法律效力的文件；

（三）拟发债规模及期限；

（四）人民币债券募集说明书（附发行方案）；

（五）经注册会计师审计的境内金融机构近3个会计年度的财务报告及审计意见全文；

（六）律师出具的法律意见书；

（七）《企业法人营业执照》（副本）复印件，《金融许可证》（副本）复印件；

（八）中国人民银行要求提供的其他文件。

第八条 中国人民银行会同国家发展和改革委员会在《中华人民共和国行政许可法》规定的期限内对境内金融机构发行人民币债券的申请做出核准或不核准的决定。同意发行的，国家发展和改革委员会同时批复其外债规模。

第九条 境内金融机构应在中国人民银行核准其债券发行之日起60个工作日内开始在香港特别行政区发行人民币债券，并在规定期限内完成发行。境内金融机构未能在规定期限内完成发行的，其发行人民币债券的核准文件自动失效，且不得继续发行本期债券；如仍需发行的，应依据本暂行办法另行申请。规定期限内完成发行的标准按照香港金融市场管理有关规定执行。

第十条 人民币债券发行利率或发行价格由境内金融机构和承销机构协商确定。

第十一条 境内金融机构应当在人民币债券发行工作结束后10个工作日内，将人民币债券发行情况书面报告中国人民银行、国家发展和改革委员会和国家外汇管理局，并按有关规定向所在地国家外汇管理局分局申请办理债券资金登记。

第十二条 境内金融机构发行人民币债券所募集资金的调回以及兑付债券本息涉及的资金汇划，应通过香港人民币业务清算行进行。

第十三条 境内金融机构应在发行人民币债券所筹集资金到位的30个工作日内，将扣除相关发行费用后的资金调回境内，资金应严格按照募集说明书所披露的用途使用。

第十四条 人民币债券本息的兑付应当以人民币资金支付。境内金融机构兑付人民币债券本息，应当提前5个工作日向所在地国家外汇管理局分局申请。银行应当凭所在地国家外汇管理局分局核发的核准件为境内金融机构办理兑付人民币债券本息的对外支付手续。

第十五条 境内金融机构发行人民币债券所募集资金及后续资金调回、本息兑付应按《金融机构对境外资产负债及损益申报业务操作规程》（〔96〕汇国发字第13号）进行国际收支统计申报。

第十六条 人民币债券在香港特别行政区的发售、交易、登记、托管、结算以及信息披露等事宜按照香港特别行政区的有关规定执行。

第十七条 本暂行办法由中国人民银行负责解释。

第十八条 本暂行办法自公布之日起施行。

国务院办公厅《关于加强影子银行监管有关问题的通知》

（节　选）

（国办发〔2013〕107号）

（六）稳健发展融资性担保业务。要按照代偿能力与业务发展相匹配的原则，指导融资性担保公司稳健开展担保业务，明确界定融资性担保公司的融资性担保责任余额与净资产的比例上限，防止违规放大杠杆倍数超额担保。非融资性担保公司不得从事融资性担保业务。银行业金融机构不得为各类债券、票据发行提供担保。

中国银监会《关于有效防范企业债担保风险的意见》

（节 选）

（银监发〔2007〕75 号，2007 年 10 月）

三、加强债券担保管理，健全或有负债风险问责制

以项目债为主的企业债券，债券期限较长，一般为 5 至 10 年，长的可达 20 年，多投放于较大的固定资产投资项目、技术改造项目，还款来源通常为项目租金收入、经营收入，受国家宏观调控政策、地区经济发展等因素影响较大，项目能否如期建成和按期偿还债券本息均存在较大风险，银行履行偿付责任概率较高。

各银行（公司总部）要进一步完善融资类担保业务的授权授信制度，将该类业务审批权限上收至各银行总行（公司总部）。即日起要一律停止对以项目债为主的企业债进行担保，对其他用途的企业债券、公司债券、信托计划、保险公司收益计划、券商专项资产管理计划等其他融资性项目原则上不再出具银行担保；已经办理担保的，要采取逐步退出措施，及时追加必要的资产保全措施。

（二）非银行金融机构

中国银监会《金融租赁公司管理办法》

（节 选）

（中国银监会令2014年第3号，2014年3月）

第二十七条 经银监会批准，经营状况良好、符合条件的金融租赁公司可以开办下列部分或全部本外币业务：

（一）发行债券；

（二）在境内保税地区设立项目公司开展融资租赁业务；

（三）资产证券化；

（四）为控股子公司、项目公司对外融资提供担保；

（五）银监会批准的其他业务。

金融租赁公司开办前款所列业务的具体条件和程序，按照有关规定执行。

中国银监会《汽车金融公司管理办法》

（节 选）

（中国银监会令2008年第1号，2008年1月）

第十九条 经中国银监会批准，汽车金融公司可从事下列部分或全部人民币业务：

（一）接受境外股东及其所在集团在华全资子公司和境内股东3个月（含）以上定期存款；

（二）接受汽车经销商采购车辆贷款保证金和承租人汽车租赁保证金；

（三）经批准，发行金融债券；

（四）从事同业拆借；

（五）向金融机构借款；

（六）提供购车贷款业务；

（七）提供汽车经销商采购车辆贷款和营运设备贷款，包括展示厅建设贷款和零配件贷款以及维修设备贷款等；

（八）提供汽车融资租赁业务（售后回租业务除外）；

（九）向金融机构出售或回购汽车贷款应收款和汽车融资租赁应收款业务；

（十）办理租赁汽车残值变卖及处理业务；

（十一）从事与购车融资活动相关的咨询、代理业务；

（十二）经批准，从事与汽车金融业务相关的金融机构股权投资业务；

（十三）经中国银监会批准的其他业务。

中国银监会《消费金融公司试点管理办法》

（节　选）

（中国银监会令 2013 年第 2 号，2013 年 11 月）

第二十条　经银监会批准，消费金融公司可以经营下列部分或者全部人民币业务：

（一）发放个人消费贷款；

（二）接受股东境内子公司及境内股东的存款；

（三）向境内金融机构借款；

（四）经批准发行金融债券；

（五）境内同业拆借；

（六）与消费金融相关的咨询、代理业务；

（七）代理销售与消费贷款相关的保险产品；

（八）固定收益类证券投资业务；

（九）经银监会批准的其他业务。

中国银监会《企业集团财务公司管理办法》

（节　选）

（中国银监会令2006年第8号，2006年12月）

第二十九条　符合条件的财务公司，可以向中国银行业监督管理委员会申请从事下列业务：

（一）经批准发行财务公司债券；

（二）承销成员单位的企业债券；

（三）对金融机构的股权投资；

（四）有价证券投资；

（五）成员单位产品的消费信贷、买方信贷及融资租赁。

国务院《金融资产管理公司条例》

（节 选）

（国务院令第 297 号，2000 年 11 月）

第十五条 金融资产管理公司发行金融债券，由中国人民银行会同财政部审批。

（三）保险公司

中国保监会《保险公司资本补充管理办法（征求意见稿）》

（节 选）

（保监厅函〔2014〕422 号，2014 年 11 月）

第四十四条 保险公司在境外发行债务性资本工具补充资本，应当经中国保监会审核并出具监管意见函后，向主管审批部门提出申请。

中国保监会、国家外汇管理局《关于规范保险机构开展内保外贷业务有关事项的通知》

（节　选）

（保监发〔2018〕5号，2018年2月）

各保险集团（控股）公司、保险公司、保险资产管理公司、有关托管机构：

为规范保险集团（控股）公司、保险公司（以下简称保险机构）开展内保外贷业务，加强境外融资业务监管，防范境外融资风险，根据《保险资金运用管理暂行办法》《保险资金境外投资管理暂行办法》《保险资金境外投资管理暂行办法实施细则》及国家外汇局《跨境担保外汇管理规定》等相关政策，现将有关事项通知如下：

一、本通知所称“内保外贷业务”是指保险机构向境内银行申请开立保函或备用信用证等，由境内银行为特殊目的公司提供担保，或者保险集团（控股）公司直接向特殊目的公司提供担保，以获得境外银行向上述特殊目的公司发放贷款的融资行为。

本通知所称“特殊目的公司”是指保险机构以境外投融资为目的，以其合法持有的境内外资产或权益，在境外直接设立或间接控制的持股比例超过95%的境外企业。

七、保险机构开展内保外贷业务，其特殊目的公司单个投资项目取得贷款资金金额在5000万美元（或等值货币）以上的，需要事前向中国保险资产管理业协会报告，由中国保险资产管理业协会组织评估后方可进行。

八、保险机构开展内保外贷业务，应当根据自身资产负债匹配管理情况科学、合理地控制融资杠杆比例，通过内保外贷业务实际融入资金余额不得超过其上季度末净资产的20%，并纳入融资杠杆监测比例管理。保险集团（控股）公司净资产应当为集团本级净资产。

九、保险机构通过内保外贷业务融入资金仅用于特殊目的公司的投资项目。该特殊目的公司的投资项目应当符合国家关于境外投资的政策导向和相关要求，严格执行鼓励类、限制类和禁止类境外投资的规定，且符合中国保监会、国家外汇局关于保险资金境外运用的相关政策。

十、保险机构通过内保外贷业务开展境外项目投资，属于重大股权投资的，应当履行核准程序，其他项目投资应当按照相关规定履行报告程序，并在具体投资项目核准、报告中将投资项目的资金来源予以说明，同时按照国家发展改革委的相关政策要求履行境外投资项目核准、备案等手续。

十一、保险机构通过内保外贷业务开展境外投资，应当遵循穿透原则，确定投资项目或投资项目的底层资产所属的大类资产类别，并在合并报表的基础上将境外投资与境内投资合并计算保险资金运用比例，确保符合保险资金运用比例监管政策。

十八、保险机构开展内保外贷业务，不得有下列行为：

（一）变相开展内保外贷业务，在境外获得信用贷款；

（二）为本通知规定的特殊目的公司以外的其他境外企业开展内保外贷业务；

（三）将责任准备金等负债资金投资形成的资产以任何形式用于提供担保或反担保；

（四）投资项目或投资项目的底层资产违反国家宏观调控政策、产业政策或境外投资政策；

（五）内保外贷融入资金用于除特殊目的公司的投资项目以外的业务，或向第三方发放贷款；

（六）蓄意进行内保外贷履约以骗取外汇、向境外转移资产；

（七）虚构业务背景进行套利或非法的投机性交易；

（八）中国保监会禁止的其他行为。

十九、保险机构应当按照中国保监会的要求报告相关数据和信息，并在签订内保外贷合同后5个工作日内向中国保监会报告具体业务情况，报告内容包括但不限于投资项目基本情况、资金来源安排、合作银行和特殊目的公司信息、融资要素信息、融资相关文件、提供担保和反担保措施等情况。

如发生内保外贷业务展期，应当在签订内保外贷业务展期合同后5个工作日内向中国保监会报告投资项目经营情况和风险状况，以及内保外贷业务展期原因、展期要素信息和展期相关文件等。

如发生可能导致担保履约的重大风险事件，应当在事件发生之日起3日内向中国保监会和国家外汇局报告。如在采用本通知第十六条所述履约风险化解措施后仍无法解决，最终发生担保履约的，应当自担保履约后3日内向中国保监会报告，并按照外汇管理规定，由成为对外债权人的境内担保人或境内反担保人办理对外债权登记。

（四）证券公司

中国证监会《证券公司债务融资工具管理暂行规定（征求意见稿）》

（节　选）

（2013 年 3 月）

第二条　本办法所称证券公司债务融资工具（以下简称“债务融资工具”）包括证券公司债券、次级债和收益凭证等。

证券公司债券是指证券公司依照法定程序发行，约定在一定期限内还本付息的有价证券。

次级债是指证券公司向股东或机构投资者发行或借入的次级债券和次级债务。

证券公司发行公司债券、次级债，应当符合中国证监会有关公司债券、次级债发行管理的规定。

收益凭证是指证券公司依照本办法发行，约定本金和收益的偿付与特定标的相关联的有价证券。特定标的包括但不限于货币利率，基础商品、证券的价格，或者指数。

第三条　证券公司公开发行债务融资工具，应当经中国证监会批准。中国证监会应当自受理申请之日起 20 个工作日内做出行政许可决定。

证券公司非公开发行债务融资工具，应当在发行完毕后 5 个工作日内报中国证券业协会实施备案管理。法律、行政法规和中国证监会另有规定的，从其规定。

第十五条　证券公司可以依法在境外市场发行债务融资工具，发行完毕后 5 个工作日内应当报中国证券业协会实施备案管理。

附

《证券公司债务融资工具暂行规定（征求意见稿）》起草说明

（节 选）

（五）证券公司境外发债

《证券法》、《证券公司监督管理条例》等法律法规，对于证券公司境外发债没有禁止性规定，为预留政策空间，《暂行规定》第15条规定，证券公司可以在境外市场发行债务融资工具，发行完毕后5个工作日内应当报证券业协会实施备案管理。

（五）上市公司

中国证监会、中国银监会《关于规范上市公司对外担保行为的通知》

（节　选）

（证监发〔2005〕120号，2005年11月）

一、规范上市公司对外担保行为，严格控制上市公司对外担保风险

（一）上市公司对外担保必须经董事会或股东大会审议。

（二）上市公司的《公司章程》应当明确股东大会、董事会审批对外担保的权限及违反审批权限、审议程序的责任追究制度。

（三）应由股东大会审批的对外担保，必须经董事会审议通过后，方可提交股东大会审批。须经股东大会审批的对外担保，包括但不限于下列情形：

1. 上市公司及其控股子公司的对外担保总额，超过最近一期经审计净资产50%以后提供的任何担保；

2. 为资产负债率超过70%的担保对象提供的担保；

3. 单笔担保额超过最近一期经审计净资产10%的担保；

4. 对股东、实际控制人及其关联方提供的担保。

股东大会在审议为股东、实际控制人及其关联方提供的担保议案时，该股东或受该实际控制人支配的股东，不得参与该项表决，该项表决由出席股东大会的其他股东所持表决权的半数以上通过。

（四）应由董事会审批的对外担保，必须经出席董事会的三分之二以上董事审议同意并做出决议。

（五）上市公司董事会或股东大会审议批准的对外担保，必须在中国证监会指定信息披露报刊上及时披露，披露的内容包括董事会或股东大会决议、截止信息披露日上市公司及其控股子公司对外担保总额、上市公司对控股子公司提供担保的总额。

（六）上市公司在办理贷款担保业务时，应向银行业金融机构提交《公司章程》、有关该担保事项董事会决议或股东大会决议原件、刊登该担保事项信息的指定报刊等材料。

（七）上市公司控股子公司的对外担保，比照上述规定执行。上市公司控股子公司应在其董事会或股东大会做出决议后及时通知上市公司履行有关信息披露义务。

中国证监会、国资委《关于规范上市公司与关联方资金往来及上市公司对外担保若干问题的通知》

（节　选）

（证监发〔2003〕56号，2003年8月）

二、严格控制上市公司的对外担保风险

上市公司全体董事应当审慎对待和严格控制对外担保产生的债务风险，并对违规或失当的对外担保产生的损失依法承担连带责任。控股股东及其他关联方不得强制上市公司为他人提供担保。

上市公司对外担保应当遵守以下规定：

（一）上市公司不得为控股股东及本公司持股50%以下的其他关联方、任何非法人单位或个人提供担保。

（二）上市公司对外担保总额不得超过最近一个会计年度合并会计报表净资产的50%。

（三）上市公司《章程》应当对对外担保的审批程序、被担保对象的资信标准做出规定。对外担保应当取得董事会全体成员2/3以上签署同意，或者经股东大会批准；不得直接或间接为资产负债率超过70%的被担保对象提供债务担保。

（四）上市公司对外担保必须要求对方提供反担保，且反担保的提供方应当具有实际承担能力。

（五）上市公司必须严格按照《上市规则》、《公司章程》的有关规定，认真履行对外担保情况的信息披露义务，必须按规定向注册会计师如实提供公司全部对外担保事项。

（六）上市公司独立董事应在年度报告中，对上市公司累计和当期对外担保情况、执行上述规定情况进行专项说明，并发表独立意见。

中国证监会《优先股试点管理办法》

（节　选）

（中国证监会令第97号，2014年3月）

第六十七条　注册在境内的境外上市公司在境外发行优先股，应当符合境外募集股份及上市的有关规定。

（六）国有企业

国资委《关于印发〈中央企业债券发行管理暂行办法〉的通知》

（国资发产权〔2008〕70号，2008年4月）

各中央企业：

为加强对中央企业的监督管理，规范中央企业债券发行行为，根据国家有关法律、行政法规，特制定《中央企业债券发行管理暂行办法》。现印发给你们，请结合实际，遵照执行，并及时反映工作中有关情况和问题。

国务院国有资产监督管理委员会

2008年4月3日

中央企业债券发行管理暂行办法

第一条 为加强对国务院国有资产监督管理委员会（以下简称国资委）履行出资人职责企业（以下简称中央企业）的监督管理，规范中央企业债券发行行为，防范和控制企业债务风险，根据《中华人民共和国公司法》、《中华人民共和国证券法》和《企业国有资产监督管理暂行条例》（国务院令第378号）等有关法律、行政法规，制定本办法。

第二条 中央企业公开发行企业债券、公司债券等中长期债券（以下统称债券）应当符合国家有关法律法规的规定，并按本办法的规定履行相应的决策程序。

中央企业发行前款规定以外的其他债券，按照有关法律、行政法规的规定，由中央企业董事会或总经理办公会议决定。

第三条 中央企业应当加强风险防范意识，建立健全有关债券发行的风险防范和控制制度。

中央企业发行债券或为其他企业发行债券提供担保，应当符合国资委有关风险控制的相关规定。

第四条 中央企业应当按照突出主业发展的原则，做好债券发行事项的可行性研究，可行性研究报告应当包括下列主要内容：

（一）宏观经济环境、债券市场环境、企业所处行业状况、同行业企业近期债券发行情况；

（二）企业产权结构、生产经营、财务状况和发展规划，本企业已发行债券情况；

（三）筹集资金的规模、用途和效益预测，发行债券对企业财务状况和经营业绩的影响，企业偿债能力分析；

（四）风险控制机制和流程，可能出现的风险及应对方案。

第五条 中央企业在可行性研究基础上制订债券发行方案。国有独资企业的债券发行方案由总经理办公会议审议，并形成书面意见；公司制企业的债券发行方案由董事会负责制订。

第六条 中央企业中的国有独资企业和国有独资公司发行债券，由国资委依照法定程序作出决定。

国有独资企业、国有独资公司应当向国资委报送下列文件资料：

（一）债券发行申请；

（二）债券发行可行性研究报告；

（三）债券发行方案（国有独资企业同时附送总经理办公会议审议意见）；

（四）企业章程及产权登记证；

（五）具有相应资质的会计师事务所出具的近三个会计年度的审计报告；

（六）国资委要求提供的其他材料。

第七条 中央企业中的国有控股或参股公司的发行债券，由其股东会（股东大会）作出决议；公司在召开股东会（股东大会）前，应当按照《中华人民共和国公司法》和公司章程的有关规定，将债券发行方案及相关材料报送包括国资委在内的全体股东，国资委出具意见后，由其股东代表在股东会（股东大会）上行使表决权，并及时将审议情况报告国资委。

国有控股或参股公司向国资委报送的文件资料比照第六条第二款的规定执行。

第八条 国资委根据国有经济布局和结构调整的总体要求，主要从企业主业发展资金需求、企业法人治理结构、资产负债水平、风险防范和控制机制建设等方面，对中央企业债券发行事项进行审核，并作出决定或出具意见。

第九条 国资委作出同意发行债券的决定、股东会（股东大会）作出同意发行债券的决议后，中央企业按规定向国家有关主管部门报送发行债券的申请。

第十条 国家有关主管部门对企业债券发行作出核准或不予核准的决定 5 日内，中央企业应将有关情况报告国资委。

中央企业应当在债券发行工作结束 15 日内及兑付工作结束 15 日内，将发行情况、兑付情况书面报告国资委。

债券存续期内，发生可能影响债券持有人实现其债权的重大事项时，中央企业应当及时向国资委报告。

第十一条 中央企业发行债券未按本办法规定履行相关决策程序的，国资委将按照《企业国有资产监督管理暂行条例》等有关规定，追究企业及其相关责任人员的责任。

第十二条 中央企业应当根据本办法精神，制订各级子企业的债券发行事项管理工作规范。

第十三条 国资委建立中央企业债券发行情况统计报告制度，中央企业应将本企业及各级子企业已发行债券、还本付息等情况随同年度决算一并报国资委。

财政部《关于规范金融企业对地方政府和国有企业投融资行为有关问题的通知》

（财金〔2018〕23号，2018年3月）

各国有金融企业：

金融企业是支持地方经济社会发展的重要力量。当前，金融企业运营总体平稳良好，但在服务地方发展、支持地方基础设施和公共服务领域建设中仍然存在过于依靠政府信用背书，捆绑地方政府、捆绑国有企业、堆积地方债务风险等问题，加剧了财政金融风险隐患。为全面贯彻党的十九大精神，落实全国金融工作会议部署和要求，坚决打好防范化解重大风险攻坚战，促进金融企业稳健运行，进一步督促金融企业加强风险管控和财务管理，严格执行国有金融资本管理制度，现就有关事项通知如下：

一、【总体要求】国有金融企业应严格落实《预算法》和《国务院关于加强地方政府性债务管理的意见》（国发〔2014〕43号）等要求，除购买地方政府债券外，不得直接或通过地方国有企事业单位等间接渠道为地方政府及其部门提供任何形式的融资，不得违规新增地方政府融资平台公司贷款。不得要求地方政府违法违规提供担保或承担偿债责任。不得提供债务性资金作为地方建设项目、政府投资基金或政府和社会资本合作（PPP）项目资本金。

二、【资本金审查】国有金融企业向参与地方建设的国有企业（含地方政府融资平台公司）或PPP项目提供融资，应按照“穿透原则”加强资本金审查，确保融资主体的资本金来源合法合规，融资项目满足规定的资本金比例要求。若发现存在以“名股实债”、股东借款、借贷资金等债务性资金和以公益性资产、储备土地等方式违规出资或出资不实的问题，国有金融企业不得向其提供融资。

三、【还款能力评估】国有金融企业参与地方建设融资，应审慎评估融资主体的还款能力和还款来源，确保其自有经营性现金流能够覆盖应还债务本息，不得要求或接受地方政府及其部门以任何方式提供担保、承诺回购投资本金、保本保收益等兜底安排，或以其他方式违规承担偿债责任。项目现金流涉及可行性缺口补助、政府付费、财政补贴等财政资金安排的，国有金融企业应严格核实地方政府履行相关程序的合规性和完备性。严禁国有金融企业向地方政府虚构或超越权限、财力签订的应付（收）账款协议提供融资。

四、【投资基金】国有金融企业与地方政府及其部门合作设立各类投资基金，应严格遵守有关监管规定，不得要求或接受地方政府及其部门作出承诺回购投资本金、保本保收益等兜底安排，不得通过结构化融资安排或采取多层嵌套等方式将投资基金异化为债务融资平台。

五、【资产管理业务】国有金融企业发行银行理财、信托计划、证券期货经营机构资产管理计划、保险基础设施投资计划等资产管理产品参与地方建设项目，应按照“穿透原则”切实加强资金投向管理，全面掌握底层基础资产信息，强化期限匹配，不得以具有滚动发行、集合运作、分离定价特征的资金池产品对接，不得要求或接受地方政府以任何方式提供兜底安排或以其他方式违规承担偿债责任，不得变相为地方政府提供融资。国有金融企业在进行资产管理产品推介时，应充分说明投资风险，不得以地方政府承诺回购、保证最低收益等隐含无风险条件，作为营销手段。

六、【政策性开发性金融】政策性、开发性金融机构服务国家重大战略、支持经济社会薄弱环节时，应严格遵守国家法律和相关规定，严格按照市场化原则审慎合规授信，严格按照项目实际而不是政府信用提供融资，严格遵守业务范围划分规定。严禁为地方政府和国有企业提供各类违规融资，不得要求或接受地方政府出具任何形式明示或暗示承担偿债责任的文件，不得通过任何形式违法违规增加地方政府债务负担。

七、【合作方式】国有金融企业应将严格遵守国家地方政府债务管理法律法规和政策规定作为合规管理的重要内容，切实转变业务模式，依法规范对地方建设项目提供融资，原则上不得采取与地方政府及其部门签署一揽子协议、备忘录、会议纪要等方式开展业务，不得对地方政府及其部门统一授信。

八、【金融中介业务】国有金融企业为地方政府融资平台公司等地方国有企业在境内外发行债券提供中介服务时，应审慎评估举债主体财务能力和还款来源。对于发债企业收入来源中涉及财政资金安排的，应当尽职调查，认真核实财政资金安排的合规性和真实性。在债券募集说明书等文件中，不得披露所在地区财政收支、政府债务数据等明示或暗示存在政府信用支持的信息，严禁与政府信用挂钩的误导性宣传，并应在相关发债说明书中明确，地方政府作为出资人仅以出资额为限承担有限责任，相关举借债务由地方国有企业作为独立法人负责偿还。

九、【PPP】国有金融企业应以 PPP 项目规范运作为融资前提条件，对于未落实项目资本金来源、未按规定开展物有所值评价、财政承受能力论证的，物有所值评价、财政承受能力论证等相关信息没有充分披露的 PPP 项目，不得提供融资。

十、【融资担保】政府性融资担保机构应按照市场化方式运作，依法依规开展融资担保服务，自主经营、自负盈亏，不得要求或接受地方政府以任何形式在出资范围之外承担责任。

十一、【出资管理】国有金融企业应加强对股东资质的审查。国有金融企业股东应以自有资金入股国有金融企业，且确保资金来源合法，严禁虚假出资、出资不实或抽逃出资，严禁代持国有金融企业股权。除法律法规另有规定的以外，以非自有资金出资的股权不得享受股权增值收益，并按“实际出资与期末净资产孰低”原则予以清退。国有金融企业股东用金融企业股权质押融资，应遵守法律法规和相关监管规定，不得损害其他股东和金融企业的利益。

十二、【财务约束】国有金融企业应按照“实质重于形式”的原则，充足提取资产减值准备，严格计算占用资本，不得以有无政府背景作为资产风险的判断标准。

十三、【产权管理】国有金融企业应聚焦主业，严格遵守国有金融资产管理有关规定；做好与地方政府及其部门合作所形成股权资产的登记、评估、转让、清算、退出等工作。合理设置机构法人层级，压缩管理级次，降低组织结构复杂程度，原则上同类一级子公司只能限定为一家。

十四、【配合整改】对存在地方政府违法违规举债担保、变相举债等问题的存量项目，开发性、政策性金融机构等国有金融企业应积极主动配合有关方面，依法依规开展整改，在有效保障各方合法权益的基础上，稳妥有序化解存量债务风险。在配合整改的同时，国有金融企业不得盲目抽贷、压贷和停贷，防范存量债务资金链断裂风险。

十五、【绩效评价】财政部门对金融企业进行绩效评价时，如金融企业违法违规向地方政府、地方国有企业等提供融资，要求或接受地方政府及其部门以任何方式提供担保或承担偿债责任，被相关部门依法依规追究责任的，根据相关部门提供的处理处罚情况，对该金融企业下调评价等级。

十六、【监督检查】对财政部公开通报涉及地方政府违法违规举债担保行为的地方国有企业，国有金融企业应暂停或审慎提供融资和融资中介服务。财政部驻各地财政监察专员办事处根据本通知规定对国有金融企业及其分支机构进行监督检查，对相关违规行为及时予以制止和纠正，并依法进行处理。相关检查处理结果视情抄送有关金融监管部门。

十七、【其他】本通知自印发之日起执行。其他金融企业参照执行。

财政部

2018 年 3 月 28 日

（七）城投企业

国务院《关于加强地方政府性债务管理的意见》

（国发〔2014〕43 号，2014 年 9 月）

各省、自治区、直辖市人民政府，国务院各部委、各直属机构：

为加强地方政府性债务管理，促进国民经济持续健康发展，根据党的十八大、十八届三中全会精神，现提出以下意见：

一、总体要求

（一）指导思想。以邓小平理论、“三个代表”重要思想、科学发展观为指导，全面贯彻落实党的十八大、十八届三中全会精神，按照党中央、国务院决策部署，建立“借、用、还”相统一的地方政府性债务管理机制，有效发挥地方政府规范举债的积极作用，切实防范化解财政金融风险，促进国民经济持续健康发展。

（二）基本原则。

疏堵结合。修明渠、堵暗道，赋予地方政府依法适度举债融资权限，加快建立规范的地方政府举债融资机制。同时，坚决制止地方政府违法违规举债。

分清责任。明确政府和企业的责任，政府债务不得通过企业举借，企业债务不得推给政府偿还，切实做到谁借谁还、风险自担。政府与社会资本合作的，按约定规则依法承担相关责任。

规范管理。对地方政府债务实行规模控制，严格限定政府举债程序和资金用途，把地方政府债务分门别类纳入全口径预算管理，实现“借、用、还”相统一。

防范风险。牢牢守住不发生区域性和系统性风险的底线，切实防范和化解财政金融风险。

稳步推进。加强债务管理，既要积极推进，又要谨慎稳健。在规范管理的同时，要妥善处理存量债务，确保在建项目有序推进。

二、加快建立规范的地方政府举债融资机制

（一）赋予地方政府依法适度举债权限。经国务院批准，省、自治区、直辖市政府可以适度举借债务，市县级政府确需举借债务的由省、自治区、直辖市政府代为举借。明确划清政府与企业界限，政府债务只能通过政府及其部门举借，不得通过企事业单位等举借。

（二）建立规范的地方政府举债融资机制。地方政府举债采取政府债券方式。没有收益的公益性事业发展确需政府举借一般债务的，由地方政府发行一般债券融资，主要以一般公共预算收入偿还。有一定收益的公益性事业发展确需政府举借专项债务的，由地方政府通过发行专项债券融资，以对应的政府性基金或专项收入偿还。

（三）推广使用政府与社会资本合作模式。鼓励社会资本通过特许经营等方式，参与城市基础设施等有一定收益的公益性事业投资和运营。政府通过特许经营权、合理定价、财政补贴等事先公开的收益约定规则，使投资者有长期稳定收益。投资者按照市场化原则出资，按约定规则独自或与政府共同成立特别目的公司建设和运营合作项目。投资者或特别目的公司可以通过银行贷款、企业债、项目收益债券、资产证券化等市场化方式举债并承担偿债责任。政府对投资者或特别目的公司按约定规则依法承担特许经营权、合理定价、财政补贴等相关责任，不承担投资者或特别目的公司的偿债责任。

（四）加强政府或有债务监管。剥离融资平台公司政府融资职能，融资平台公司不得新增政府债务。地方政府新发生或有债务，要严格限定在依法担保的范围内，并根据担保合同依法承担相关责任。地方政府要加强对或有债务的统计分析和风险防控，做好相关监管工作。

三、对地方政府债务实行规模控制和预算管理

（一）对地方政府债务实行规模控制。地方政府债务规模实行限额管理，地方政府举债不得突破批准的限额。地方政府一般债务和专项债务规模纳入限额管理，由国务院确定并报全国人大或其常委会批准，分地区限额由财政部在全国人大或其常委会批准的地方政府债务规模内根据各地区债务风险、财力状况等因素测算并报国务院批准。

（二）严格限定地方政府举债程序和资金用途。地方政府在国务院批准的分地区限额内举借债务，必须报本级人大或其常委会批准。地方政府不得通过企事业单位等举借债务。地方政府举借债务要遵循市场化原则。建立地方政府信用评级制度，逐步完善地方政府债券市场。地方政府举借的债务，只能用于公益性资本支出和适度归还存量债务，不得用于经常性支出。

（三）把地方政府债务分门别类纳入全口径预算管理。地方政府要将一般债务收支纳入一般公共预算管理，将专项债务收支纳入政府性基金预算管理，将政府与社会资本合作项目中的财政补贴等支出按性质纳入相应政府预算管理。地方政府各部门、各单位要将债务收支纳入部门和单位预算管理。或有债务确需地方政府或其部门、单位依法承担偿债责任的，偿债资金要纳入相应预算管理。

四、控制和化解地方政府性债务风险

（一）建立地方政府性债务风险预警机制。财政部根据各地区一般债务、专项债务、或有债务等情况，测算债务率、新增债务率、偿债率、逾期债务率等指标，评估各地区债务风险状况，对债务高风险地区进行风险预警。列入风险预警范围的债务高风险地区，要积极采取措施，逐步降低风险。债务风险相对较低的地区，要合理控制债务余额的规模和增长速度。

（二）建立债务风险应急处置机制。要硬化预算约束，防范道德风险，地方政府对其举借的债务负有偿还责任，中央政府实行不救助原则。各级政府要制定应急处置预案，建立责任追究机制。地方政府出现偿债困难时，要通过控制项目规模、压缩公用经费、处置存量资产等方式，多渠道筹集资金偿还债务。地方政府难以自行偿还债务时，要及时上报，本级和上级政府要启动债务风险应急处置预案和责任追究机制，切实化解债务风险，并追究相关人员责任。

（三）严肃财经纪律。建立对违法违规融资和违规使用政府性债务资金的惩罚机制，加大对地方政府性债务管理的监督检查力度。地方政府及其所属部门不得在预算之外违法违规举借债务，不得以支持公益性事业发展名义举借债务用于经常性支出或楼堂馆所建设，不得挪用债务资金或改变既定资金用途；对企业的注资、财政补贴等行为必须依法合规，不得违法为任何单位和个人的债务以任何方式提供担保；不得违规干预金融机构等正常经营活动，不得强制金融机构等提供政府性融资。地方政府要进一步规范土地出让管理，坚决制止违法违规出让土地及融资行为。

五、完善配套制度

（一）完善债务报告和公开制度。完善地方政府性债务统计报告制度，加快建立权责发生制的政府综合财务报告制度，全面反映政府的资产负债情况。对于中央出台的重大政策措施如棚户区改造等形成的政府性债务，应当单独统计、单独核算、单独检查、单独考核。建立地方政府性债务公开制度，加强政府信用体系建设。各地区要定期向社会公开政府性债务及其项目建设情况，自觉接受社会监督。

（二）建立考核问责机制。把政府性债务作为一个硬指标纳入政绩考核。明确责任落实，各省、自治区、直辖市政府要对本地区地方政府性债务负责任。强化教育和考核，纠正不正确的政绩导向。对脱离实际过度举债、违法违规举债或担保、违规使用债务资金、恶意逃废债务等行为，要追究相关责任人责任。

（三）强化债权人约束。金融机构等不得违法违规向地方政府提供融资，不得要求地方政府违法违规提供担保。金融机构等购买地方政府债券要符合监管规定，向属于政府或有债务举借主体的企业法人等提供融资要严格规范信贷管理，切实加强风险识别和风险管理。金融机构等违法违规提供政府性融资的，应自行承担相应损失，并按照商业银行法、银行业监督管理法等法律法规追究相关机构和人员的责任。

六、妥善处理存量债务和在建项目后续融资

（一）抓紧将存量债务纳入预算管理。以2013年政府性债务审计结果为基础，结合审计后债务增减变化情况，经债权人与债务人共同协商确认，对地方政府性债务存量进行甄别。对地方政府及其部门举借的债务，相应纳入一般债务和专项债务。对企事业单位举借的债务，凡属于政府应当偿还的债务，相应纳入一般债务和专项债务。地方政府将甄别后的政府存量债务逐级汇总上报国务院批准后，分类纳入预算管理。纳入预算管理的债务原有债权债务关系不变，偿债资金要按照预算管理要求规范管理。

（二）积极降低存量债务利息负担。对甄别后纳入预算管理的地方政府存量债务，各地区可申请发行地方政府债券置换，以降低利息负担，优化期限结构，腾出更多资金用于重点项目建设。

（三）妥善偿还存量债务。处置到期存量债务要遵循市场规则，减少行政干预。对项目自身运营收入能够按时还本付息的债务，应继续通过项目收入偿还。对项目自身运营收入不足以还本付息的债务，可以通过依法注入优质资产、加强经营管理、加大改革力度等措施，提高项目盈利能力，增强偿债能力。地方政府应指导和督促有关债务举借单位加强财务管理、拓宽偿债资金渠道、统筹安排偿债资金。对确需地方政府偿还的债务，地方政府要切实履行偿债责任，必要时可以处置政府资产偿还债务。对确需地方政府履行担保或救助责任的债务，地方政府要切实依法履行协议约定，作出妥善安排。有关债务举借单位和连带责任人要按照协议认真落实偿债责任，明确偿债时限，按时还本付息，不得单方面改变原有债权债务关系，不得转嫁偿债责任和逃废债务。对确已形成损失的存量债务，债权人应按照商业化原则承担相应责任和损失。

（四）确保在建项目后续融资。地方政府要统筹各类资金，优先保障在建项目续建和收尾。对使用债务资金的在建项目，原贷款银行等要重新进行审核，凡符合国家有关规定的项目，要继续按协议提供贷款，推进项目建设；对在建项目确实没有其他建设资金来源的，应主要通过政府与社会资本合作模式和地方政府债券解决后续融资。

七、加强组织领导

各地区、各部门要高度重视，把思想和行动统一到党中央、国务院决策部署上来。地方政府要切实担负起加强地方政府性债务管理、防范化解财政金融风险的责任，结合实际制定具体方案，政府主要负责人要作为第一责任人，认真抓好政策落实。要建立地方政府性债务协调机制，统筹加强地方政府性债务管理。财政部门作为地方政府性债务归口管理部门，要完善债务管理制度，充实债务管理力量，做好债务规模控制、债券发行、预算管理、统计分析和风险监控等工作；发展改革部门要加强政府投资计划管理和项目审批，从严审批债务风险较高地区的新开工项目；金融监管部门要加强监管、正确引导，制止金融机构等违法违规提供融资；审计部门要依法加强对地方政府性债务的审计监督，促进完善债务管理制度，防范风险，规范管理，提高资金使用效益。各地区、各部门要切实履行职责，加强协调配合，全面做好加强地方政府性债务管理各项工作，确保政策贯彻落实到位。

国务院

2014年9月21日

国务院《关于加强地方政府融资平台公司管理有关问题的通知》

（国发〔2010〕19号，2010年6月）

各省、自治区、直辖市人民政府，国务院各部委、各直属机构：

近年来，地方政府融资平台公司（指由地方政府及其部门和机构等通过财政拨款或注入土地、股权等资产设立，承担政府投资项目融资功能，并拥有独立法人资格的经济实体）通过举债融资，为地方经济和社会发展筹集资金，在加强基础设施建设以及应对国际金融危机冲击中发挥了积极作用。但与此同时，也出现了一些亟须高度关注的问题，主要是融资平台公司举债融资规模迅速膨胀，运作不够规范；地方政府违规或变相提供担保，偿债风险日益加大；部分银行业金融机构风险意识薄弱，对融资平台公司信贷管理缺失等。为有效防范财政金融风险，加强对地方政府融资平台公司管理，保持经济持续健康发展和社会稳定，现就有关问题通知如下：

一、抓紧清理核实并妥善处理融资平台公司债务

地方各级政府要对融资平台公司债务进行一次全面清理，并按照分类管理、区别对待的原则，妥善处理债务偿还和在建项目后续融资问题。

纳入此次清理范围的债务，包括融资平台公司直接借入、拖欠或因提供担保、回购等信用支持形成的债务。债务经清理核实后按以下原则分类：（1）融资平台公司因承担公益性项目建设举借、主要依靠财政性资金偿还的债务；（2）融资平台公司因承担公益性项目建设举借、项目本身有稳定经营性收入并主要依靠自身收益偿还的债务；（3）融资平台公司因承担非公益性项目建设举借的债务。

对原计划由融资平台公司承担融资的在建项目，对其后续资金应根据不同情况妥善处理。地方各级政府要严格审核项目投资预算和资金来源，各类资金要集中用于项目续建和收尾，严格控制新开工项目，防止出现“半拉子”工程。经地方政府审核后，对还款来源主要依靠财政性资金的公益性在建项目，除法律和国务院另有规定外，不得再继续通过融资平台公司融资，应通过财政预算等渠道，或采取市场化方式引导社会资金解决建设资金问题。对使用债务资金的其他在建项目，原贷款银行等要重新进行审核，凡符合国家产业政策、土地政策、环境保护政策、信贷审慎管理规定及宏观调控政策等要求的项目，要继续按协议提供贷款，推进项目建设；对不符合上述要求的项目，地方政府要尽快进行清理，妥善处置。

对融资平台公司贷款，银行业金融机构要坚持按照“逐包打开、逐笔核对、重新评估、整改保全”的原则进行全面清理，及时采取补救措施，确保信贷资产安全。

地方各级政府要采取有效措施，落实有关债务人偿债责任。对融资平台公司存量债务，要按照协议约定偿还，不得单方面改变原有债权债务关系，不得转嫁偿债责任和逃废债务。融资平台公司等要统筹安排资金，制定偿债计划，明确偿债时限，切实承担还本付息责任。

二、对融资平台公司进行清理规范

在本通知下发前已经设立的融资平台公司，要按以下要求进行清理规范：对只承担公益性项目融资任务且主要依靠财政性资金偿还债务的融资平台公司，今后不得再承担融资任务，相关地方政府要在明确还债责任，落实还款措施后，对公司做出妥善处理；对承担上述公益性项目融资任务，同时还承担公益性项目建设、运营任务的融资平台公司，要在落实偿债责任和措施后剥离融资业务，不再保留融资平台职能。对承担有稳定经营性收入的公益性项目融资任务并主要依靠自身收益偿还债务的融资平台公司，以及承担非公益性项目融资任务的融资平台公司，要按照《中华人民共和国公司法》等有关规定，充实公司资本金，完善治理结构，实现商业运作；要通过引进民间投资等市场化途径，促进投资主体多元化，改善融资平台公司的股权结构。对其他兼有不同类型融资功能的融资平台公司，也要按照上述原则进行清理规范。

今后地方政府确需设立融资平台公司的，必须严格依照有关法律法规办理，足额注入资本金，学校、医院、公园等公益性资产不得作为资本注入融资平台公司。

三、加强对融资平台公司的融资管理和银行业金融机构等的信贷管理

融资平台公司融资和担保要严格执行相关规定。经清理整合后保留的融资平台公司，其融资行为必须规范，向银行业金融机构申请贷款须落实到项目，以项目法人公司作为承贷主体，并符合有关贷款条件的规定。融资项目必须符合国家宏观调控政策、发展规划、行业规划、产业政策、行业准入标准和土地利用总体规划等要求，按照国家有关规定履行项目审批、核准或备案手续。要严格按照规定用途使用资金，讲求效益，稳健经营。

银行业金融机构等要严格规范信贷管理，切实加强风险识别和风险管理。要落实借款人准入条件，按商业化原则履行审批程序，审慎评估借款人财务能力和还款来源。凡没有稳定现金流作为还款来源的，不得发放贷款。向融资平台公司新发贷款要直接对应项目，并严格执行国家有关项目资本金的规定。严格执行贷款集中度要求，加强贷款风险控制，坚持授信审批的原则、程序与标准。要按照要求将符合抵质押条件的项目资产或项目预期收益等权利作为贷款担保。要认真审查贷款投向，确保贷款符合国家规划和产业发展政策要求。要加强贷后管理，加大监督和检查力度。适当提高融资平台公司贷款的风险权重，按照不同情况严格进行贷款质量分类。

四、坚决制止地方政府违规担保承诺行为

地方政府在出资范围内对融资平台公司承担有限责任，实现融资平台公司债务风险内部化。要严格执行《中华人民共和国担保法》等有关法律法规规定，除法律和国务院另有规定外，地方各级政府及其所属部门、机构和主要依靠财政拨款的经费补助事业单位，均不得以财政性收入、行政事业等单位的国有资产，或其他任何直接、间接形式为融资平台公司融资行为提供担保。

五、加强组织领导，确保工作落实

各地区、各部门要从大局出发，牢固树立科学发展观和正确政绩观，充分认识加强融资平台公司管理工作的重要性和紧迫性，统一思想，加强领导，精心组织，结合本地区、本部门实际认真抓好落实。财政部、发展改革委、人民银行、银监会等部门和机构，要抓紧制定具体实施方案，完善相关政策，加强对这项工作的指导监督。财政部要会同有关部门加快建立融资平台公司债务管理信息系统、会计核算和统计报告制度，以及融资平台公司债务信息定期通报制度，实现对融资平台公司债务的全口径管理和动态监控。审计部门要加强对融资平台公司的审计监督。要研究建立地方政府债务规模管理和风险预警机制，将地方政府债务收支纳入预算管理，逐步形成与社会主义市场经济体制相适应、管理规范、运行高效的地方政府举债融资机制。

地方各级政府和有关部门、单位都要严格遵守法律制度规定，确保有法必依，违法必究。对清理规范中检查出来的问题要及时予以纠正，对清理规范后仍然违反《中华人民共和国预算法》、《中华人民共和国担保法》、《中华人民共和国商业银行法》等规定的要依法依规严肃处理，并追究相关责任人的责任。

各省（区、市）人民政府要切实履行职责，抓紧落实相关工作，并将工作落实情况于2010年12月31日前上报国务院，抄送财政部、发展改革委、人民银行和银监会。

国务院

2010年6月10日

国家发展改革委办公厅《关于进一步规范地方政府投融资平台公司发行债券行为有关问题的通知》

（发改办财金〔2010〕2881号，2010年11月）

各省、自治区、直辖市及计划单列市、新疆生产建设兵团发展改革委：

为了贯彻《国务院关于加强地方政府融资平台公司管理有关问题的通知》（国发〔2010〕19号）精神，进一步规范投融资平台公司的债券融资行为，有效防范投融资平台公司和地方政府债务风险，更好地发挥债券融资对地方基础设施建设的积极作用，促进企业债券市场健康发展，现就进一步规范投融资平台公司发行企业债券有关问题要求如下：

一、继续支持符合条件的投融资平台公司通过债券市场直接融资

地方政府投融资平台公司（以下简称“投融资平台公司”），是指由地方政府及其部门和机构等通过财政拨款或注入土地、股权等资产设立，从事政府指定或委托的公益性或准公益性项目的融资、投资、建设和运营，拥有独立法人资格的经济实体。近年来，投融资平台公司通过发行企业债券筹集资金，一方面按照募集资金投向，推动了地方基础设施建设和运营体制改革，改善了城镇生产、生活条件，促进了地方经济发展；另一方面按照规范、公开、透明的要求，改善了公司治理结构，为提高企业直接融资比重、降低融资风险、促进债券市场发展，做出了积极贡献。今后，要在有效防范风险，加强规范管理，合理引导投向的基础上，继续支持符合《国务院关于加强地方政府融资平台公司管理有关问题的通知》（国发〔2010〕19号）文件规定、符合企业债券发行条件的投融资平台公司发行企业债券，提高直接融资的比重。

二、防范投融资平台公司债券融资风险

为了有效防范投融资平台公司债券风险以及连带的地方政府债务风险，投融资平台公司应不断增强公司的自营性经营收入，提高可持续经营能力。凡是申请发行企业债券的投融资平台公司，其偿债资金来源70%以上（含70%）必须来自公司自身收益，且公司资产构成等必须符合国发〔2010〕19号文件的要求。经营收入主要来自承担政府公益性或准公益性项目建设，且占企业收入比重超过30%的投融资平台公司发行企业债券，除满足现行法律法规规定的企业债券发行条件外，还必须向债券发行核准机构提供本级政府债务余额和综合财力的完整信息（政府债务余额和综合财力的统计口径见附表），作为核准投融资平台公司发行企业债券的参考。如果该类投融资平台公司所在地政府负债水平超过100%，其发行企业债券的申请将不予受理。

三、规范融资担保行为

根据《担保法》和国发〔2010〕19号文件有关规定，为了进一步规范对投融资平台公司的融资担保行为，有效隔离投融资平台公司债务与地方政府债务风险的关系，除法律法规和国务院另有规定外，各级政府及其所属部门、机构和主要依靠财政拨款的经费补助事业单位，均不得以财政性资金、行政事业单位等的国有资产，或其他任何直接、间接方式，为投融资平台公司发行债券提供担保或增信。以资产抵（质）押方式为投融资平台公司发债提供增信的，其抵（质）押资产必须是可依法合规变现的非公益性有效资产。

四、确保公司资产真实有效

申请发行企业债券的投融资平台公司，必须依法严格确保公司资产的真实有效，必须具备真实足额的资本金注入，不得将公立学校、公立医院、公园、事业单位资产等公益性资产作为资本注入投融资平台公司。“公益性资产”是指主要为社会公共利益服务，且依据国家有关法律法规不得或不宜变现的资产。对于已将上述资产注入投融资平台公司的，在计算发债规模时，必须从净资产规模中予以扣除。

五、强化募集资金用途监管

投融资平台公司发行企业债券所募资金，应主要用于对经济社会发展和改善人民群众生活具有重要作用的基础设施和市政公用事业领域。所投项目必须符合国家产业政策和宏观调控要求，符合固定资产投资管理有关规定。对于发债资金主要用于节能减排、生态环保、保障性住房、城市轨道交通、新疆和藏区发展、重大自然灾害灾区重建，以及其他国家产业政策鼓励发展领域项目建设的，可在同等条件下优先获得核准。发行人应按照核准的投向使用企业债券募集资金，不得擅自改变资金用途。各级发展改革部门要加强对本地企业债券募集资金使用的监督检查，防止发行人随意改变并挪用发债所募资金。

六、认真履行中介机构职责

债券承销机构、信用评级机构、会计师事务所、律师事务所等债券市场中介服务机构应认真履行各自职责，提供公正、客观、准确的相关文件，不得弄虚作假，以错误信息和文件误导投资人和核准机构。信用评级机构在对投融资平台公司进行信用评级时，应参考公司所在地政府债务余额和综合财力等指标进行综合评价，并给出合理的评级结果。会计师事务所、律师事务所应按照有关要求对投融资平台公司资产构成、收入构成、偿债资金来源构成等出具专业意见。债券承销机构应协调其他中介机构，做好投融资平台公司发债申报材料编制工作，确保申报材料完整合规。

七、完善还本付息监督与管理

债券发行人应加强内部管理，制定偿债资金计划，并在银行建立“偿债资金专户”，在债券存续期过半后各年度，提前安排必要的还本资金，保证按时还本付息。债券承销机构对于所承销债券，应该在债券存续期内督促债券发行人按时还本付息，以及债券回售安排的履约。地方政府及有关部门应切实履行出资人职责，加强对投融资平台公司还本付息工作的指导和协调。

八、加强发债企业信息披露

投融资平台公司发行企业债券，应加强信息披露，确保相关信息的真实、准确、完整。在债券存续期间，发行人除应按照交易场所的规定，及时披露财务报告和企业的重大事项外，还应按时披露偿债资金专户的资金筹集情况。债券承销机构也应加强对所承销债券的后端管理，提醒并督促债券发行人按照有关规定和要求，及时披露企业经营等方面的相关信息。

自本通知下发之日起，投融资平台公司申请发行企业债券，均按本通知各项规定执行。

附表：地方政府债务余额及综合财力统计表（略）

国家发展改革委办公厅

2010 年 11 月 20 日

财政部、发展改革委、司法部、人民银行、银监会、证监会《关于进一步规范地方政府举债融资行为的通知》

（财预〔2017〕50号，2017年4月）

各省、自治区、直辖市、计划单列市财政厅（局）、发展改革委、司法厅（局），中国人民银行上海总部、各分行、营业管理部、省会（首府）城市中心支行、副省级城市中心支行，各银监局、证监局：

2014年修订的预算法和《国务院关于加强地方政府性债务管理的意见》（国发〔2014〕43号）实施以来，地方各级政府加快建立规范的举债融资机制，积极发挥政府规范举债对经济社会发展的支持作用，防范化解财政金融风险，取得了阶段性成效。但个别地区违法违规举债担保时有发生，局部风险不容忽视。为贯彻落实党中央、国务院决策部署，牢牢守住不发生区域性系统性风险的底线，现就进一步规范地方政府举债融资行为有关事项通知如下：

一、全面组织开展地方政府融资担保清理整改工作

各省级政府要认真落实国务院办公厅印发的《地方政府性债务风险应急处置预案》（国办函〔2016〕88号）要求，抓紧设立政府性债务管理领导小组，指导督促本级各部门和市县政府进一步完善风险防范机制，结合2016年开展的融资平台公司债务等统计情况，尽快组织一次地方政府及其部门融资担保行为摸底排查，督促相关部门、市县政府加强与社会资本方的平等协商，依法完善合同条款，分类妥善处置，全面改正地方政府不规范的融资担保行为。上述工作应当于2017年7月31日前清理整改到位，对逾期不改正或改正不到位的相关部门、市县政府，省级政府性债务管理领导小组应当提请省级政府依法依规追究相关责任人的责任。财政部驻各地财政监察专员办事处要密切跟踪地方工作进展，发现问题及时报告。

二、切实加强融资平台公司融资管理

加快政府职能转变，处理好政府和市场的关系，进一步规范融资平台公司融资行为管理，推动融资平台公司尽快转型为市场化运营的国有企业、依法合规开展市场化融资，地方政府及其所属部门不得干预融资平台公司日常运营和市场化融资。地方政府不得将公益性资产、储备土地注入融资平台公司，不得承诺将储备土地预期出让收入作为融资平台公司偿债资金来源，不得利用政府性资源干预金融机构正常经营行为。金融机构应当依法合规支持融资平台公司市场化融资，服务实体经济发展。进一步健全信息披露机制，融资平台公司在境内外举债融资时，应当向债权人主动书面声明不承担政府融资职能，并明确自2015年1月1日起其新增债务依法不属于地方政府债务。金融机构应当严格规范融资管理，切实加强风险识别和防范，落实企业举债准入条件，按商业化原则履行相关程序，审慎评估举债人财务能力和还款来源。金融机构为融资平台公司等企业提供融资时，不得要求或接受地方政府及其所属部门以担保函、承诺函、安慰函等任何形式提供担保。对地方政府违法违规举债担保形成的债务，按照《国务院办公厅关于印发地方政府性债务风险应急处置预案的通知》（国办函〔2016〕88号）、《财政部关于印发〈地方政府性债务风险分类处置指南〉的通知》（财预〔2016〕152号）依法妥善处理。

三、规范政府与社会资本方的合作行为

地方政府应当规范政府和社会资本合作（PPP）。允许地方政府以单独出资或与社会资本共同出资方式设立各类投资基金，依法实行规范的市场化运作，按照利益共享、风险共担的原则，引导社会资本投资经济社会发展的重点领域和薄弱环节，政府可适当让利。地方政府不得以借贷资金出资设立各类投资基金，严禁地方政府利用PPP、政府出资的各类投资基金等方式违法违规变相举债，除国务院另有规定外，地方政府及其所属部门参与PPP项目、设立政府出资的各类投资基金时，不得以任何方式承诺回购社会资本方的投资本金，不得以任何方式承担社会资本方的投资本金损失，不得以任何方式向社会资本方承诺最低收益，不得对有限合伙制基金等任何股权投资方式额外附加条款变相举债。

四、进一步健全规范的地方政府举债融资机制

全面贯彻落实依法治国战略，严格执行预算法和国发〔2014〕43号文件规定，健全规范的地方政府举债融资机制，地方政府举债一律采取在国务院批准的限额内发行地方政府债券方式，除此以外地方政府及其所属部门不得以任何方式举借债务。地方政府及其所属部门不得以文件、会议纪要、领导批示等任何形式，要求或决定企业为政府举债或变相为政府举债。允许地方政府结合财力可能设立或参股担保公司（含各类融资担保基金公司），构建市场化运作的融资担保体系，鼓励政府出资的担保公司依法依规提供融资担保服务，地方政府依法在出资范围内对担保公司承担责任。除外国政府和国际经济组织贷款转贷外，地方政府及其所属部门不得为任何单位和个人的债务以任何方式提供担保，不得承诺为其他任何单位和个人的融资承担偿债责任。地方政府应当科学制定债券发行计划，根据实际需求合理控制节奏和规模，提高债券透明度和资金使用效益，建立信息共享机制。

五、建立跨部门联合监测和防控机制

完善统计监测机制，由财政部门会同发展改革、人民银行、银监、证监等部门建设大数据监测平台，统计监测政府中长期支出事项以及融资平台公司举借或发行的银行贷款、资产管理产品、企业债券、公司债券、非金融企业债务融资工具等情况，加强部门信息共享和数据校验，定期通报监测结果。开展跨部门联合监管，建立财政、发展改革、司法行政机关、人民银行、银监、证监等部门以及注册会计师协会、资产评估协会、律师协会等行业自律组织参加的监管机制，对地方政府及其所属部门、融资平台公司、金融机构、中介机构、法律服务机构等的违法违规行为加强跨部门联合惩戒，形成监管合力。对地方政府及其所属部门违法违规举债或担保的，依法依规追究负有直接责任的主管人员和其他直接责任人员的责任；对融资平台公司从事或参与违法违规融资活动的，依法依规追究企业及其相关负责人责任；对金融机构违法违规向地方政府提供融资、要求或接受地方政府提供担保承诺的，依法依规追究金融机构及其相关负责人和授信审批人员责任；对中介机构、法律服务机构违法违规为融资平台公司出具审计报告、资产评估报告、信用评级报告、法律意见书等的，依法依规追究中介机构、法律服务机构及相关从业人员的责任。

六、大力推进信息公开

地方各级政府要贯彻落实中共中央办公厅、国务院办公厅《关于全面推进政务公开工作的意见》等规定和要求，全面推进地方政府及其所属部门举债融资行为的决策、执行、管理、结果等公开，严格公开责任追究，回应社会关切，主动接受社会监督。继续完善地方政府债务信息公开制度，县级以上地方各级政府应当重点公开本地区政府债务限额和余额，以及本级政府债务的规模、种类、利率、期限、还本付息、用途等内容。省级财政部门应当参考国债发行做法，提前公布地方政府债务发行计划。推进政府购买服务公开，地方政府及其所属部门应当重点公开政府购买服务决策主体、购买主体、承接主体、服务内容、合同资金规模、分年财政资金安排、合同期限、绩效评价等内容。推进政府和社会资本合作（PPP）项目信息公开，地方政府及其所属部门应当重点公开政府和社会资本合作（PPP）项目决策主体、政府方和社会资本方信息、合作项目内容和财政承受能力论证、社会资本方采购信息、项目回报机制、合同期限、绩效评价等内容。推进融资平台公司名录公开。

各地区要充分认识规范地方政府举债融资行为的重要性，把防范风险放在更加重要的位置，省级政府性债务管理领导小组要切实担负起地方政府债务管理责任，进一步健全制度和机制，自觉维护总体国家安全，牢牢守住不发生区域性系统性风险的底线。各省（自治区、直辖市、计划单列市）政府性债务管理领导小组办公室应当汇总本地区举债融资行为清理整改工作情况，报省级政府同意后，于2017年8月31日前反馈财政部，抄送发展改革委、人民银行、银监会、证监会。

特此通知。

财政部
发展改革委
司法部
人民银行
银监会
证监会
2017年4月26日

国家发展改革委办公厅、财政部办公厅《关于进一步增强企业债券服务实体经济能力严格防范地方债务风险的通知》

（发改办财金〔2018〕194号，2018年2月）

各省、自治区、直辖市及计划单列市、新疆生产建设兵团发展改革委、财政厅（局）：

为深入贯彻落实党的十九大、中央经济工作会议和全国金融工作会议精神，进一步发挥企业债券直接融资功能，增强金融服务实体经济能力，坚决打好防范化解重大风险攻坚战，严格防范地方债务风险，坚决遏制地方政府隐性债务增量，现就企业债券工作有关事项通知如下。

一、申报企业应当建立健全规范的公司治理结构、管理决策机制和财务管理制度，严禁党政机关公务人员未经批准在企业兼职（任职）。申报企业拥有的资产应当质量优良、权属清晰，严禁将公立学校、公立医院、公共文化设施、公园、公共广场、机关事业单位办公楼、市政道路、非收费桥梁、非经营性水利设施、非收费管网设施等公益性资产及储备土地使用权计入申报企业资产。

二、申报企业应当真实、准确、完整地披露企业自身财务信息和项目信息等，支持投资者有效甄别风险，严禁涉及与地方政府信用挂钩的虚假陈述、误导性宣传。信用评级机构应当基于企业财务和项目信息等开展评级工作，不得将申报企业信用与地方政府信用挂钩。相关企业申报债券时应主动公开声明不承担政府融资职能，发行本期债券不涉及新增地方政府债务。

三、申报企业应当实现业务市场化、实体化运营，依法合规开展市场化融资，并充分论证、科学决策利用债券资金支持投资项目建设的必要性、可行性和经济性。申报企业应当依托自身信用制定本息偿付计划和落实偿债保障措施，确保债券本息按期兑付，切实做到“谁借谁还、风险自担”。严禁申报企业以各种名义要求或接受地方政府及其所属部门为其市场化融资行为提供担保或承担偿债责任。

四、纯公益性项目不得作为募投项目申报企业债券。利用债券资金支持的募投项目，应严格执行项目资本金制度，并建立市场化的投资回报机制，形成持续稳定、合理可行的预期收益。

五、募投项目若有取得投资补助、运营补贴、财政贴息等财政资金支持的，程序和内容必须依法合规，必须把地方财政承受能力和中长期财政可持续作为重要约束条件，坚决杜绝脱离当地财力可能进行财政资金支持。相关财政资金应按照规定在年度预算中足额安排，涉及跨年度实施的项目应当列入中期财政规划并实行三年滚动管理，严格落实资金来源。

六、规范以政府和社会资本合作（PPP）项目发行债券融资。严格 PPP 模式适用范围，审慎评估政府付费类 PPP 项目、可行性缺口补助 PPP 项目发债风险，严禁采用 PPP 模式违法违规或变相举债融资。

七、建立健全责任主体信用记录，对经有关部门认定为因涉地方政府违法违规融资和担保活动的申报企业、承销机构、会计师事务所、律师事务所、信用评级机构等主体及其主要负责人，加大惩处问责力度，纳入相关领域黑名单和全国信用信息共享平台归集共享，实施跨部门联合惩戒，及时公开通报，并限制相关责任主体新申报或推荐申报企业债券。

八、各地财政部门应当按规定在年度预算中安排资金及时支付给依法合规承接政府投资项目的企业，防止地方政府恶意拖欠企业工程款。

九、各地发展改革部门应积极组织区域内市场化运营的优质企业、优质项目开展债券融资，进一步增强企业债券服务实体经济能力。各地发展改革部门应切实加大事中事后监管力度，利用社会信用体系建设、大数据预警监测分析等多种创新方式，加强对债券资金使用情况和项目后续建设运营情况的督促检查，确保企业债券市场平稳有序健康发展。

国家发展改革委办公厅

财政部办公厅

2018 年 2 月 8 日

中国银监会《关于切实做好2011年地方政府融资平台贷款风险监管工作的通知》

（银监发〔2011〕34号，2011年3月）

各银监局，各政策性银行、国有商业银行、股份制商业银行、金融资产管理公司，邮政储蓄银行，各省级农村信用联社，银监会直接监管的信托公司、企业集团财务公司、金融租赁公司：

为贯彻落实《国务院关于加强地方政府融资平台工作管理有关问题的通知》（国发〔2010〕19号，以下简称“国发19号文”）等政策要求，银监会今年将继续按照“逐包打开、逐笔核对、重新评估、整改保全”十六字方针，以降旧控新为目标，进一步做好地方政府融资平台贷款（以下简称“平台贷款”）风险监管工作，现就相关事项通知如下：

一、严格加强新增平台贷款管理

（一）健全“名单制”管理系统。各银行应在前期清理规范基础上，在总行及分支机构层面分别建立平台类客户和整改为一般公司类客户的“名单制”信息管理系统，系统至少包括企业法人、事业法人、机关法人三类融资平台的基本情况及授信、贷款期限结构、投向、风险定性及还款来源结构等要素。有关名单及风险定性情况需按季报送当地监管部门确认，并进行动态调整；各银行间风险定性存在差异的，由监管部门在各银行呈报的风险定性材料的基础上进行统一协调认定。

（二）建立总行集中审批制度。各银行应在“名单制”管理基础上，将平台贷款审批权限统一上收至总行。各银行总行应制定相应的平台贷款管理制度，对纳入平台类客户名单内的贷款实行总行统一授信、全口径监控和逐笔审批，并在总行层面落实授信管理问责机制，分支行仅承担前台营销和贷后管理。

（三）严格信贷准入条件。各银行应严格按照国发19号文规定，制定平台贷款的审慎准入标准。平台类客户的新增贷款，必须符合《中华人民共和国公路法》、《国务院关于加强国有土地资产管理的通知》（国发〔2001〕15号，含有偿还能力的公租房、廉租房、棚户区改造）、属国务院核准或审批的重大项目以及国家另有规定等条件。同时，应最大限度增加抵押担保等风险缓释措施，并签订合法有效的还贷差额补足协议。

对于2010年6月30日前已签订合同但目前未完成全部放款过程的，必须同时满足以下三个条件才能继续放款：一是符合国家宏观调控政策、发展规划、行业规划、产业政策、行业准入标准、土地利用总体规划以及信贷审慎管理规定等要求；二是财务状况健全，资产负债率不高于80%；三是抵押担保合法合规足值。

对于符合条件的新增平台贷款，不得再接受地方政府以直接或间接形式为融资平台提供的任何担保和承诺。对于不符合上述条件的，一律不得新增平台贷款，不得向“名单制”管理系统以外的融资平台发放贷款，以实现全年平台贷款的降旧控新和风险缓释。

（四）合理确定贷款期限和还款方式。各银行应按照《关于规范中长期贷款还款方式的通知》（银监发〔2010〕103号）的要求，根据项目预期现金流情况和实际建设期、达产期及运营期，合理确定新增平台贷款的期限结构和还款方式。项目建成投产后，应按照等额分摊等审慎原则，每年至少两次偿还本金，利随本清。

二、全面推进存量平台贷款整改

各银行应以平台客户为单位，按照额度、期限、风险状况等因素，落实具体责任人，逐户制订整改计划，有步骤地推进存量平台贷款的资产保全和风险化解工作。对于到期的平台贷款本息，一律不得展期和以各种方式借新还旧。

（一）贷款条件整改。即使是授信批准和各种续建项目，各银行均应对照国家政策和审慎信贷规定，全面核实存量平台贷款的合同条款和信贷条件，重点关注借款人资质是否健全，项目资本金比例是否达标和同比例到位，各项审批文件和手续是否合法齐全等，限期采取整改措施，有效化解合规风险和信用风险。

（二）贷款合同整改。各银行应加强贷款合同和还款期限管理，限期整改存量平台贷款整借整还、期限过长、还款来源不足等问题。对于整借整还的存量平台贷款，应根据平台自有现金流和地方政府财力情况，与地方政府和平台客户协商贷款合同修订和补充完善工作，整改为分期偿还，化解集中还款风险；对于还款来源不足、主要依靠政府财政支持的融资平台，应积极协调地方政府和平台客户协商补签相关还款差额补足协议。

（三）抵押担保整改。各银行应严格执行《担保法》、《预算法》和《银行业监督管理法》等法律法规规定，对于地方政府及其部门、机构以直接或间接形式提供的原有担保，应在充分协商基础上重新落实合法的抵押担保；对于以学校、医院、公园等公益性资产作为抵质押品的，应要求融资平台以合法的非公益性资产进行全额置换；对于各类担保公司特别是地方政府新设担保公司应进行严格的资质评估，审慎估计其实际担保能力；对于以政府承诺担保、以无土地使用权证的土地出让收入承诺、以规划土地储备（如土地储备证）抵押的等，均应及时追加合法有效押品，消除违规担保的风险隐患。

（四）贷后管理整改。即使是授信批准和各种续建项目，各银行均应加强贷款发放时再次审查和支付管理，严格执行“三个办法、一个指引”。在贷款发放后，应针对融资平台所属行业及经营特点，动态掌握各种影响偿债能力的风险因素，及时采取提前收贷、追加担保等风险化解措施。各银行应建立季度贷后管理机制，以平台客户为单位，按季考察撰写贷后管理报告，至少每半年实地深入检查一次，写出相应情况的半年管理报告，统一纳入平台名单管理信息系统。银团贷款牵头行或代理行应履行银团贷款的贷后管理职责，按时完成贷后管理报告并分送各银团成员行，分别纳入本行平台名单管理信息系统。

三、切实强化平台贷款的规制约束

（一）强化监管约束。各监管部门应在指导和协调各银监局工作的同时，加大条线工作力度，指导和督促各银行总行对全系统每半年进行一次有针对性的风险检查，每次自查覆盖面不得低于平台贷款总额的50%，并于自查结束后30日内报本行董事会及相关风险管理委员会审阅，批准后报送对口监管部门。2011年检查报告应于7月末和2012年1月末前报送。同时要督促各银行总行做好以下五项工作：一是加强平台贷款“名单制”管理，确保与各银监局、各银行分支机构核对一致；二是上收平台贷款审批权限，并严格制定全行统一的平台贷款准入标准；三是严格按照银监会统计信息系统要求，核实各项数据，及时准确上报；四是对平台贷款进行准确的五级分类，监测和防控不良贷款；五是按照《关于加强融资平台贷款风险管理的指导意见》（银监发〔2010〕110号，以下简称《指导意见》）的要求，根据平台贷款自有现金流覆盖四分类情况，严格按照100%、140%、250%和300%计算信贷资产风险权重。

（二）强化合规约束。各银行应切实落实“三个办法、一个指引”等信贷风险管控要求，针对信贷评审、合同、支付、抵押、信贷资产转让、集中度等违规问题，重点强化贷款项目资本金管控、贷款担保管理、协议管理、支付管理和贷后管理，切实提高按照贷款新规走款的比重。

（三）强化统计约束。各银行应建立健全平台贷款的统计台账管理制度，将平台贷款管理纳入日常管理和监管统计体系。按照《关于开展地方政府融资平台贷款台账调查统计的通知》（银监办发〔2010〕338号）的要求，对平台贷款信息进行按季统计报送，确保数据统计的全口径、准确性和一致性，实现实时监测、分类管理、动态调整，为信贷决策提供客观依据。各监管部门和各银监局应按照平台贷款统计制度要求，各司其职，协调配合，确保数据及时有效报送。

（四）强化质量约束。对于融资平台严重资不抵债、到期不能足额归还贷款本息、出现债务重组及违反贷款集中度管理要求等情况的，银行应及时按照《指导意见》等规定要求下调五级分类等级，并相应增提拨备和采取清收处置措施，以促进平台贷款风险的早期暴露和早期化解。对于因非不可抗力因素造成不良的，按照“谁签字谁负责”原则，严肃追究贷款行行长（即三方签字中贷款方的签字人）及相关责任人的责任。

（五）强化拨备约束。各银行应根据《指导意见》要求，对平台贷款的拨备覆盖率和贷款拨备率均不得低于贷款拨备的平均水平。对于短期内因客观限制确实难以提足的，须制定分年补提计划，确保尽快补足，期间应按新资本监管协议对资本作相应扣减。

（六）强化资本约束。各银行应根据《指导意见》要求，真实、客观、及时地反映和评价平台贷款风险状况。针对全覆盖、基本覆盖、半覆盖和无覆盖平台贷款，自2011年一季度起做到分别按照100%、140%、250%和300%计算贷款风险权重，发挥资本约束作用。

四、统一实施平台贷款现场检查

（一）检查组织。2011年平台贷款现场检查按照属地原则进行，由各银监局、银监分局负责组织实施，凡涉及到平台贷款的相关监管处科室均要参加。属于异地平台贷款的要按借款人属地监管原则，由借款人所在地银监局（分局）一并组织检查，必要时可提请贷款行所在地监管部门参加。检查方案由银监会银行一部统一制订，其他监管部门可不再另行组织检查。检查中如需要进一步协调，请与相关监管部门联系。

（二）检查方式。2011 年平台贷款现场检查统一采取报表分析和大户检查相结合的方式进行。由各银监局、银监分局在汇总分析平台贷款季度报表的基础上，以单户融资平台的全部表内外授信及其银行为检查对象，每季至少各选择一个辖内平台大户进行现场检查。

（三）检查周期。2011 年平台贷款现场检查按季进行。各银监局分别于 4 月末、6 月末、9 月末和 12 月末前将每季检查报告以省局为单位合并汇总，报送银监会。

（四）检查内容。各银监局、银监分局应重点选取公路、码头、机场等行业大户进行检查，各季度现场检查内容要有侧重。

第一季度：重点检查截至 2010 年末平台贷款余额最大客户。检查内容包括：一是地方政府融资平台资产负债情况，是否存在资不抵债等；二是地方政府融资平台贷款资金使用情况，包括用途和投向是否合规，资金使用效益等；三是 2010 年 6 月至 12 月底、2011 年 1 月 1 日后新增贷款情况；四是现金流覆盖的划分认定情况；五是落实原定整改计划情况等。

第二季度：重点检查截至 2011 年 3 月末已整改为一般公司类贷款余额最大客户。检查内容包括：一是现金流是否为全覆盖；二是抵押担保是否合法有效；三是是否符合退出平台贷款管理的退出条件；四是各贷款行是否重新评估客户风险及债项风险；五是公司治理是否健全，资本金是否真实到位，运营是否规范正常等情况。

第三季度：重点检查 2011 年上半年新增平台贷款最大客户（若与第一季度检查对象相同，则检查贷款增量第二大的客户）。检查内容包括：一是是否符合前述新增贷款准入条件；二是是否仍有地方政府担保；三是涉及各贷款行审批权限是否已上收至总行；四是是否合理确定贷款期限和还款方式、是否签订差额补足协议弥补还款资金缺口；五是贷款资金使用情况，用途和投向是否符合贷款新规等。

第四季度：重点检查截至 2011 年 9 月末平台贷款整改变化最大客户（若与第一、三季度检查对象相同，则依次顺延）。检查内容包括：一是项目条件是否整改合规；二是抵押担保是否整改合规，是否对无效担保进行追加和置换；三是是否针对整借整还、期限过长、还款来源不足等贷款合同问题进行整改；四是是否建立贷后管理机制并按季形成贷后管理报告。

五、严格监测“整改为一般公司类贷款”的风险

（一）严格退出条件。满足以下全部条件的企业法人类平台贷款，银行可整改为一般公司类贷款，并按照商业化原则运作：一是符合“全覆盖”原则，即各债权银行对借款人的风险定性均为全覆盖；二是符合“定性一致”原则，即各债权银行均同意整改为一般公司类贷款；三是符合“三方签字”原则，即各债权银行均已就平台风险定性和整改措施与融资平台及地方政府相关部门达成一致，并通过三方签字（地方政府相关部门、融资平台及各债权银行）进行确认。对于本《通知》印发前已整改为一般公司类并按商业化原则运作的贷款，各银行应重新逐一审定是否为公司法人且满足上述三项退出条件；不合要求但此前已纳入一般公司类的贷款，各银行应重新将其归入平台贷款管理，于2011年6月末前完成。

（二）有序组织退出。在三方签字完成后，由最大债权行将借款人现金流计算、三方签字等文件报送至平台所在地监管部门，由银监局、银监分局按月对现金流测算的准确性、三方签字等情况进行审查，并于审查通过后有序组织平台贷款退出。退出时间、方式由各地监管部门自行确定。

（三）明确风险自担。对于已整改为一般公司类、进行商业化运营的贷款，各银行应按照审慎信贷要求进行管理，在原有债权债务关系不变的前提下，信贷风险由借贷双方承担，如出现风险只追究贷款人责任。

（四）健全台账统计。各银行及银监局应建立对整改为一般公司类贷款的台账统计机制，密切关注整改后贷款情况，进行持续跟踪、动态监测。各银监局应督促各银行严查公司资本金是否真实到位，还款来源是否充足，抵押担保是否合规，运营是否规范正常等情况，确保风险可控。

（五）审慎评估新增贷款风险。对于整改为一般公司类贷款的新增债务，各银行应按照"三个办法、一个指引"等审慎信贷规定重新评估客户风险及债项风险，对借款人情况、还款来源、担保情况等进行审查，全面评价风险因素，重点审查和监测现金流覆盖程度的动态变化。各银监局应严格监测该类贷款新增债务是否存在集中度违规、是否仍存在财政违规担保等问题。

六、依法加大平台贷款问责处罚力度

各银行应建立平台贷款风险及其管控的问责机制。各银监局应通过现场检查和非现场监管，及时发现银行在平台贷款经营活动中的各种违法违规违纪问题，并严格按照法律法规规定，采取问责高管、限制准入、暂停业务、处以罚款等方式，严肃追究出现问题的贷款发放机构及相关责任人的责任。

（一）严肃查处违规担保贷款问题。凡是以地方各级政府及其所属部门和主要依靠财政拨款的经费补助事业单位以直接或间接形式提供担保，以学校、医院、公园等公益性资产作为抵质押品，以政府承诺担保、无土地使用权证的土地出让收入承诺和规划土地储备（如土地储备证）作为抵押的贷款，均属违反《物权法》、《担保法》、《银行业监督管理法》的行为。一经查实，应按照《银行业监督管理法》第三十七条、第四十六条、第四十八条以及《关于进一步推进改革发展 加强风险防范的通知》（银监发〔2011〕14号）规定，对问题机构和高级管理人员进行严格处罚。

（二）严肃查处违规发放平台贷款问题。凡是存在未按国发19号文等规定制定平台贷款审慎信贷标准、违规发放平台贷款，向"名单制"管理系统以外的平台发放贷款，以及将不符合平台贷款退出条件的贷款划为一般公司类贷款等问题的，均属于违反审慎经营规则的行为。一经查实，应按照《银行业监督管理法》第三十七条、第四十六条、第四十八条，《商业银行法》第七十四条，《金融违法行为处罚办法》第十六条以及《关于进一步推进改革发展加强风险防范的通知》规定，对问题机构和高级管理人员进行问责处罚。

（三）严肃查处提供虚假文件资料问题。凡是存在未按照要求按季全口径准确、及时报送平台贷款信息，或存在弄虚作假、瞒报误报等问题，未按要求建立平台名单管理信息系统并按季向监管部门报送名单及风险定性情况等问题的，均属违反《统计法》、《银行业监督管理法》、《商业银行法》、《银行业监管统计管理暂行办法》等法律法规的行为。一经查实，应按照《银行业监督管理法》第四十六条、第四十七条、第四十八条，《商业银行法》第七十五条、第八十条，《金融违法行为处罚办法》第十二条，《银行业监管统计管理暂行办法》第三十六条、第三十八条规定对问题机构和高级管理人员进行问责处罚。

（四）严肃查处阻碍监管问题。凡是不按监管部门协调的意见进行平台贷款自有现金流覆盖分类划分，不按照要求开展平台贷款检查，以及对监管部门现场检查过程不配合的，均属违反《银行业监督管理法》、《商业银行法》关于拒绝或阻碍非现场监管或者现场检查的行为。一经查实，应按照《银行业监督管理法》第四十六条、第四十八条，《商业银行法》第七十五条、第七十七条、第七十八条规定对问题机构和高级管理人员进行问责处罚。

（五）严肃查处违反审慎经营规则问题。凡是对到期平台贷款作展期和借新还旧，或未按照要求计算风险权重、足额提取拨备、准确进行风险分类，或未将平台贷款审批权限统一上收至总行，或未按照要求合理确定新增平台贷款期限结构和还款方式，以及未按照贷款新规等信贷风险管控要求加强平台贷款合规管理等问题的，均属违反《贷款风险分类指引》（银监发〔2007〕54 号）、《商业银行集团客户授信业务风险管理指引》（中国银监会令 2003 年第 5 号）、《商业银行资本充足率管理办法》（中国银监会令 2004 年第 2 号）、《关于规范中长期贷款还款方式的通知》、《关于加强融资平台贷款风险管理的指导意见》、“三个办法、一个指引”等规定的行为。一经查实，应按照《银行业监督管理法》第三十七条、第四十六条、第四十八条和“三个办法”的有关规定对问题机构和高级管理人员进行问责处罚。

请各银监局将本通知转发至辖内银监分局和有关银行业金融机构。

附件：名词解释（略）

中国银行业监督管理委员会

2011 年 3 月 31 日

中国银监会《关于加强 2012 年地方政府融资平台贷款风险监管的指导意见》

（银监发〔2012〕12 号，2012 年 3 月）

各银监局，各政策性银行、国有商业银行、股份制商业银行、金融资产管理公司，邮政储蓄银行，各省级农村信用联社，银监会直接监管的信托公司、企业集团财务公司、金融租赁公司：

2012 年，各银行业金融机构要遵循“政策不变、深化整改、审慎退出、重在增信”的总体思路，以缓释风险为目标，以降旧控新为重点，以现金流覆盖率为抓手，继续推进地方政府融资平台（以下简称“融资平台”）贷款风险化解工作。为深化融资平台贷款风险缓释工作，现提出如下指导意见：

一、严格监控，及时化解到期风险

（一）逐户按月统计到期贷款。各银行、各银监局要建立融资平台（包含仍按平台管理类和退出类平台，下同）贷款今年到期情况的台账统计制度，逐月统计融资平台贷款的到期时间、金额、偿债资金来源、实际偿还情况等，按季报送银监会。

（二）落实到期贷款偿还方案。对于今年到期的融资平台贷款，各银行要在全面调查统计的基础上，与各融资平台共同制定详细的还款方案。牵头银行即最大债权银行要按融资平台名录负责测算和还款方案制定工作，将还款方案于 2012 年 4 月底前报送各银监局。

（三）加强到期贷款风险分析监测。各银行、各银监局要根据专项统计结果和银企共同制定的还款方案，密切跟踪融资平台运营状况和到期贷款的还款进度。对不能按方案落实资金来源、可能造成还款违约和存在以贷还贷问题的，要及早采取处置措施，并专报银监会。

二、分类处置，切实缓释存量风险

（四）对于融资平台的存量贷款，应按照“分类管理、区别对待、逐步化解”的原则，按照以下情形分别处理。

（五）对于自身现金流 100% 覆盖贷款本息且项目已建成达产、形成了经营性现金流的融资平台，要以现金流来源为基础，制定均衡的分期还贷计划，并专户集并、封闭现金流收入，确保及时足额清收到期贷款本息。

（六）对于自身现金流 100% 覆盖贷款本息，项目已建成但尚未达产形成经营性现金流的融资平台，在借款人的抵押担保、还款方式等方面整改合格的前提下，经各银行总行审批，可在原有贷款额度内进行再融资，切实支持项目早达产、早创收，早日增加还款资金来源。

（七）对于自身现金流100%覆盖贷款本息，贷款到期而项目尚未建成的融资平台，在借款人的抵押担保、还款方式等方面整改合格的前提下，经各银行总行审批后，可按照工程建设实际周期合理确定贷款期限，一次性修订贷款合同，使贷款期限符合项目建成要求。

（八）对于自身现金流不能够100%覆盖贷款本息，但项目能够吸引社会资金投资的融资平台，各银行要在现有贷款余额不增加的前提下，积极协助地方政府相关部门和借款人，制定资产重组、合并、转让或引入新投资者等市场化处置方案，提高现金流覆盖程度，在项目建成达产后及时按约清收贷款本息。

（九）对于自身现金流不能够100%覆盖贷款本息，且工程项目不宜吸引社会资金投资的融资平台，各银行要在不增加新贷的前提下，与地方政府积极沟通，按原定承诺，量化还款数额，纳入财政预算，分期清收贷款。

三、严格标准，有效控制新增贷款

（十）严格降旧控新要求。按照“保在建、压重建、控新建”的基本要求，今年融资平台贷款要严格准入标准和放贷条件，坚持有保有压和结构调整。对仍按平台管理类的新增贷款进行重点监管，对退出类贷款的变动情况进行跟踪监测，以实现全年融资平台贷款“降旧控新”的总体目标。

（十一）严格控制总量。今年各银行在年度信贷计划安排上不得新增融资平台贷款规模；各地区的融资平台贷款余额不得超过当地政府可承受债务规模上限；各银行不得对信贷分类中列为压缩类的融资平台新发放贷款。

（十二）严格把握投向。融资平台新增贷款应优先保证重点在建项目需求，既要避免重点项目出现“半拉子”工程，又要防范融资平台假借“保续建”之名套取贷款。仍按平台管理类的新增贷款的投向主要为五个方面：一是符合《公路法》的收费公路项目；二是国务院审批或核准通过且资本金到位的重大项目；三是土地储备类和保障性住房建设项目；四是农业发展银行支持且符合中央政策的农田水利类项目；五是工程进度达到60%以上，且现金流测算达到全覆盖的在建项目。

（十三）严格新增贷款条件。仍按平台管理类的新增贷款必须满足五个前提条件：一是公司治理完善；二是现金流全覆盖；三是抵押担保符合现行规定且存量贷款已在抵押担保、贷款期限、还款方式等方面整改合格；四是借款人资产负债率低于80%；五是融资平台存量贷款中需要财政偿还的部分已纳入地方财政预算管理，并已落实预算资金来源。

四、审慎退出，加强退后动态管理

（十四）严格平台退出管理。各银行应以现金流覆盖率为抓手，严格把握融资平台退出条件，审慎评估退出后平台贷款风险，强化退出类平台贷款的风险管控。

（十五）严格平台退出条件。融资平台退出需满足五个条件：一是符合现代公司治理要求，属于按照商业化原则运作的企业法人；二是资产负债率在70%以下，财务报告经过会计师事务所审计；三是自身现金流100%覆盖贷款本息，且各债权银行对融资平台的风险定性均为全覆盖；四是存量贷款的抵押担保、贷款期限、还款方式等已整改合格；五是诚信经营，无违约记录，可持续独立发展。

（十六）严格平台退出程序。融资平台退出应严格按照以下程序进行：一是牵头行发起。由牵头行发起，各债权银行认真审核并形成一致性退出意见。二是各总行审批。各债权银行分支机构将融资平台退出申请报各总行审核批准。三是三方签字。各债权银行获总行退出审批通过后，与地方政府相关部门、平台公司进行沟通协商并由三方签字确认。四是退出承诺。在三方签字的同时，地方政府及相关部门应明确承诺不再为退出类平台新增贷款提供任何担保；各银行应明确承诺按审慎信贷原则进行贷款管理，并独立承担新增贷款风险。五是监管备案。牵头行将有关资料收集完整后向融资平台属地银监部门报备，监管部门在融资平台报表中标示退出。

（十七）严格平台退后管理。对退出类平台，各银行要在落实“名单制”管理的基础上，严格按照商业化原则加强风险管控。监管部门要实施动态监测，对于退出类平台五项条件之一低于监管要求和违背退出承诺的，要重新纳入平台管理。退出类新增贷款应严格遵循产业政策、信贷政策和一般公司贷款条件，实行“谁贷款，谁承担风险”的责任追究机制。各银行不得向退出类平台发放保障性住房和其他公益性项目贷款。

五、完善制度，深化平台贷款管理

（十八）实行信贷分类制度。各银行应在原有“名单制”管理的基础上，对融资平台按照“支持类、维持类、压缩类”进行信贷分类。“支持类”指符合融资平台贷款的新增条件和银行信贷政策及风险偏好，可以新增贷款的融资平台；“维持类”指不完全满足融资平台贷款的新增条件，但未超越银行风险容忍度，可以为保项目完工进行再融资但贷款余额不超过年初水平的融资平台；“压缩类”指既不符合融资平台贷款的新增条件和银行信贷政策，又超越银行风险容忍度，贷款余额不得增加且不得以任何形式新发放贷款的融资平台。针对上述信贷分类，各银行总行要结合自身经营实际情况，制定出具体的分类条件和标准。

（十九）强化授信审批制度。各银行应按照“统一授信、总量控制、逐笔审批、监督支付”的原则，加强总行对仍按平台管理类贷款的集中审批和管理，对于新增贷款，由总行统一授信、逐笔审批，加强支付监督，防止贷款挪用。

（二十）健全统计分析制度。各银行、各银监局要加强对融资平台贷款的动态监测分析，继续按季做好台账统计工作。各银监局应继续做好协调工作，确保每个融资平台只有一个风险定性结果（“全覆盖、基本覆盖、半覆盖、无覆盖”），并根据既定要求按季报送。各银行应对融资平台按“支持类、维持类、压缩类”进行信贷分类，并于2012年4月将分类结果通过平台信息系统报送银监会。

六、明确职责，强化监管约束

（二十一）强化信贷约束。对于存在以下情形的融资平台，各银行一律不得新发放任何形式的贷款：一是信贷分类结果为“压缩类”的；二是借款人为异地融资平台的；三是所在地区地方政府债务规模达到或超出限额的；四是地方政府以直接或间接形式为新增贷款提供担保承诺的；五是以学校、医院、公园等公益性资产作，为抵质押品的；六是以无合法土地使用权证的土地预期出让收入承诺作为质押的；七是存量贷款担保抵押、贷款合同等方面整改不到位的；八是资产负债率和现金流覆盖率不符合规定要求的。

（二十二）实施现场检查。2012 年融资平台贷款现场检查按照属地原则，上下半年各进行一次，由各银监局、银监分局组织实施。各银监局、银监分局应围绕现金流测算、存量贷款风险缓释、新增贷款控制以及平台退出等方面开展检查。上半年检查对象为 2011 年末退出类平台贷款余额最大的一户，下半年检查对象为 2012 年上半年仍按平台管理类新增贷款最多的一户。

（二十三）严肃责任追究。各银监局、银监分局应通过现场检查和非现场监管，及时发现银行在融资平台贷款经营活动中的各种违法违规问题。各银行应建立融资平台贷款风险管控的问责机制，出现问题的，要严格按照职责规定追究责任。

（二十四）银行法人总行职责。实施信贷分类；审批新增贷款；审批融资平台退出；审批存量贷款分类处置方案；控制融资平台贷款总量。

（二十五）银行分支机构职责。正确执行信贷分类管理制度；正确发起融资平台退出；正确发起新放贷款；正确落实存量贷款增信整改；正确计算现金流覆盖率；正确填报融资平台信息（名单、违约、重组等）。

（二十六）法人机构监管部门职责。督促各银行法人总部落实“降旧控新”目标、准确信贷分类、规范审批融资平台退出、合理处置存量贷款风险、及时准确报送信息。

（二十七）分支机构监管部门职责。督促银行分支机构正确执行信贷分类管理制度、规范发起融资平台退出、确保新发放贷款依法合规、正确整改增信存量贷款、正确计算现金流覆盖率、正确填报融资平台信息。

（二十八）银监局（分局）职责。确定辖内融资平台名单；按是否退出对辖内融资平台进行分类；明确辖内融资平台的风险定性；填报“三项整改”（抵押担保、贷款期限、还款方式）信息；逐户监测融资平台贷款增减变化情况；开展融资平台贷款现场检查；关注今年融资平台贷款到期及还款情况。对于未按照监管规定对辖内银行落实本指导意见的情况进行及时检查或检查后未责令银行对所发现的问题采取整改措施的，依照有关规定追究相关责任人的责任。

（二十九）统计信息部门职责。开发维护平台信息采集系统；及时汇总报表数据；及时分析研究数据；提出违规问题并告知相关监管部门。

请各银行业金融机构将本指导意见尽快传达至本系统各级分支机构，并结合本行实际制定具体的落实措施及管理办法。各银监局要将本指导意见转发至辖内银行业金融机构，同时向地方政府做好政策汇报和解释工作。如在执行过程中发现问题，请及时向银监会报告。

附件：关于 2012 年地方政府融资平台贷款风险监管政策有关问题的说明

中国银行业监督管理委员会

2012 年 3 月 13 日

附件

关于2012年地方政府融资平台贷款风险监管政策有关问题的说明

根据2012年2月20日、21日在深圳召开的“地方政府融资平台贷款风险监管工作会议”精神，现将2012年地方政府融资平台贷款风险监管政策有关问题说明如下。

一、指导思想

地方政府融资平台贷款风险监管工作的指导思想是“政策不变、深化整改、审慎退出、重在增信”。

“政策不变”是指自2009年融资平台贷款清理规范工作开始以来的所有政策都不变。“逐包打开、逐笔核对、重新评估、整改保全”的十六字方针不变；“全覆盖、基本覆盖、半覆盖、无覆盖”的风险定性四分类方法不变；“降旧控新”的总体目标不变；融资平台按仍按平台管理类和退出类划分的要求不变，其中凡称融资平台的包括仍为平台和退出的平台两类，仍为平台的亦称监管类平台，退出的平台也称监测类平台。

“深化整改”是指着力抓好三项整改工作：一是深化名单制管理。要求各银行把融资平台名单在原有风险定性四分类的基础上，将融资平台再按“支持类”、“维持类”和“压缩类”三种情形进行管理，并以此作为信贷审批的依据，分类结果由银行自主决定。二是细化信贷条件。进一步细化融资平台贷款的信贷条件，对新增贷款的投向与条件提出更加具体要求。三是强化退后管理。将退出类平台纳入信贷分类，并加强退后监测。

“审慎退出”是指要求银行严格落实融资平台退出的有关条件和程序，加强对退出后融资平台的持续管理，责成不符合审慎退出条件的融资平台重新纳入平台管理，坚决杜绝随意退出、盲目退出、为增贷而退出的现象。

“重在增信”是指融资平台要通过增加资本、增加抵质押、置换无效担保、签订补差协议、将政府承诺还款的部分债务纳入当期财政预算等方式提高自身的信用水平，增强自身的还款能力。

二、工作目标

地方政府融资平台贷款风险监管的工作目标是缓释风险。一是控制总量风险。各银行原则上在今年信贷计划中不得安排新增融资平台贷款规模。二是缓释存量风险。各银行要分类处置存量贷款。三是消除到期风险。各银行要加强对今年到期贷款风险的监控，防止到期违约风险事件的发生。四是防止断链风险。各银行要重点避免出现在建工程资金链断裂的情况。

三、工作任务

地方政府融资平台贷款风险监管的工作任务是降旧控新。一是总量减少。各银行原则上不得新增融资平台贷款，重点是控制监管类平台的贷款总量，确保其贷款余额不上升；对于按照商业化运作的监测类平台，要跟踪监测其贷款总量变化和使用情况；对于保障性住房等公益性项目，允许新增贷款，但是必须纳入监管类管理。二是存量下降。今年仍按平台类管理的融资平台贷款余额原则上只降不升。三是有保有压。各银行要根据信贷三分类结果，将从“压缩类”平台中减少的贷款额度用于投向“支持类”平台，以在融资平台贷款总量不增的情况下实现贷款结构调整。

四、工作路径

（一）控新。一是各银行在今年的信贷计划中，原则上不得安排融资平台贷款增量。二是各地区融资平台贷款余额不得超过当地政府可承受债务规模上限。三是所有“维持类”融资平台的贷款余额不得超过年初水平。对于维持类平台，各银行可以新发放贷款，允许收回再贷，但是贷款余额不得增加。四是不得向“压缩类”融资平台发放任何形式的贷款。各银行对于“压缩类”平台要做到“只收不贷”。

（二）降旧。按照五种情形分类缓释融资平台的存量贷款风险，其中退出类融资平台仅适用前三种情形，仍按平台管理的适用五种情形。一是及时收贷。对于现金流全覆盖、项目已经完工达产且已经形成现金流收入的融资平台，要封闭现金流，对回笼款进行专户管理，按照原来的约定及时清收贷款。二是收回再贷。对于现金流全覆盖、项目已建成但还没有产生足够现金流偿还贷款本息（没有经济建成）的融资平台，可以在原有贷款额度内进行再融资。再融资具体包括发行股票、债券、短融、中融、中票、引资、贷款等方式。对于以贷款形式实施再融资的，贷款总量不得超过原有贷款额度。三是据实定贷。对于现金流全覆盖、项目已经确定工期但因有不可抗拒的因素导致不能如期完工，但贷款已经到期的融资平台，要一次性修改贷款合同，根据实际工期重新确定贷款期限。四是引资还贷。对于现金流不能够全覆盖，项目能够吸引社会资金投资的平台，在现有贷款余额不增加的前提下，可以通过资产重组、引入新投资者、项目出售等方式，引进资金用于还贷。五是只收不贷。对于现金流不能够全覆盖，工程项目不宜吸引社会资金投资的平台，银行只能只收不贷，并要求地方政府将贷款纳入预算。

五、工作方法

（一）信贷分类管理。各银行结合自身信贷经营的实际情况，按照“支持类”、“维持类”，“压缩类”分类标准，自主决定所有融资平台客户的信贷分类结果。其中，“支持类”是指符合融资平台的新增贷款条件和银行的信贷政策及风险偏好，可以增加贷款的平台；“维持类”指不完全满足融资平台的新增贷款条件，但未超越银行风险容忍度，可以为保项目完工进行再融资但贷款余额不超过年初水平的平台；“压缩类”指既不符合融资平台新增贷款条件和银行信贷政策，又超越银行风险容忍度，贷款余额不得增加且不得以任何形式新发放贷款的平台。

（二）到期贷款风险监控。到期贷款主要是指今年到期的贷款。各银行要按月把全年融资平台到期贷款建台账、做统计，逐户调查今年到期贷款的还款来源，并与平台共同制定还款方案，还款方案于 2012 年 4 月末前报送各银监局。各银监局负责监督和信息汇总，按季将还款方案的落实情况报告银监会。

（三）补充押品。各银行要持续提升抵质押品质量，及时置换财政担保和公益性资产等不合规抵质押品，积极防范因资产价格下跌而导致的融资平台贷款抵质押品质价下行风险。

六、工作要求

（一）严格信贷管理。一是明确贷款投向。仍按平台管理类新增贷款的投向为：符合《公路法》的收费公路；经国务院审批或核准的且资本金已到位的项目；土地储备和保障性住房；农发行支持且符合中央政策要求的农田水利建设；工程进度达到60%以上且现金流达到全覆盖的在建项目。二是严格新增条件。仍按平台管理类的新增贷款必须满足五个前提条件：公司治理完善；现金流全覆盖；抵押担保符合现行规定且存量贷款已在抵押担保、贷款期限、还款方式等方面整改合格；借款人资产负债率低于80%；平台存量贷款中需要财政偿还的部分已纳入地方财政预算管理并已落实预算资金来源。仍按平台管理类平台的任何一笔新增贷款必须同时符合有关投向和条件的规定，两者缺一不可。

对于以下情形，各银行不得新发放融资平台贷款：一是信贷分类结果为“压缩类”的；二是借款人为异地平台的；三是所在地区地方政府债务规模达到或超出限额的；四是地方政府以直接或间接形式提供担保承诺的；五是以学校、医院、公园等公益性资产作为抵质押品的；六是以无合法土地使用权证的土地预期出让收入承诺作为质押的；七是存量贷款担保抵押、贷款合同等方面整改不到位的；八是资产负债率和现金流覆盖率不符合规定要求的。

（二）规范平台退出。一是规范退出程序。融资平台退出必须严格遵循“牵头行发起—贷款行（总行）审批—三方签字—退出承诺—监管（局）备案”五项程序。银监局只负责退出平台备案登记，不负责退出平台审批。二是规范退出条件。退出必须同时符合公司治理健全、资产负债率在70%以下、现金流100%覆盖贷款本息、存量贷款已整改合格、无违约记录等五项条件。三是加强退后管理。五项条件之一低于监管要求和违背退出承诺的要重新纳入平台管理；平台退出后不再享受平台管理类贷款的相关优惠信贷政策，新增贷款必须符合产业政策、信贷政策和一般公司贷款条件，实行“谁贷款，谁承担风险”的责任追究机制；各银行对退出类平台不得再发放保障性住房和其他公益性项目的贷款。

（三）规范报表统计。一是平台风险分类统计。各银监局应继续做好协调工作，确保每个融资平台只有一个定性结果（“全覆盖、基本覆盖、半覆盖、无覆盖”），并根据既定要求按季报送。二是平台信贷分类统计。各银行应对融资平台按“支持类、维持类、压缩类”进行信贷分类，并于2012年4月将分类结果上报银监会。三是融资平台贷款到期偿还及违约情况统计。各银行、各银监局应建立融资平台今年贷款到期情况的台账统计制度，按月统计融资平台贷款的到期时间、金额、偿债资金来源等情况，并按季报送银监会。

（四）规范数据填报流程。融资平台报表数据填报要遵循以下五项程序：第一步，各银监局、分局负责填报融资平台基本信息，包括资产负债、风险定性、退出情况等，并报送银监会统计部；第二步，银监会统计部将融资平台基本信息表发给各银行业金融机构，由各银行据表填报贷款数据，并报送各银行法人机构主监管员审查；第三步，在主监管员明确审查无误后，银监会统计部对所有融资平台贷款数据进行汇总；第四步，银监会统计部将汇总完毕的数据反馈给相关银监局。

（五）规范现场检查。现场检查分为两类：第一类是银行自查，由银行内审部门组织检查。第二类是银监局、银监分局的现场检查。按照属地原则，上下半年各进行一次。上半年检查对象为 2011 年末“退出类”贷款余额最大的一户，下半年检查对象为 2012 年上半年融资平台新增贷款最多的一户。

中国银监会《关于加强2013年地方政府融资平台贷款风险监管的指导意见》

（银监发〔2013〕10号，2013年4月）

各银监局，各政策性银行、国有商业银行、股份制商业银行、金融资产管理公司，邮政储蓄银行，各省级农村信用联社，银监会直接监管的信托公司、企业集团财务公司、金融租赁公司：

2013年，各银行业金融机构要遵循“总量控制、分类管理、区别对待、逐步化解”的总体原则，以控制总量、优化结构、隔离风险、明晰职责为重点，继续推进地方政府融资平台（简称“融资平台”）贷款风险管控。现就2013年融资平台贷款风险监管提出如下指导意见：

一、总体要求

（一）严格把握定义。地方政府融资平台是指由地方政府出资设立并承担连带还款责任的机关、事业、企业三类法人。

（二）完善“名单制”管理。各银行要继续完善融资平台“名单制”管理信息系统，及时更新客户信息，并按季报送监管机构。

（三）动态调整风险定性。各银行要继续按照融资平台自身现金流覆盖债务本息的情况，将融资平台分为“全覆盖”、“基本覆盖”、“半覆盖”、“无覆盖”。“全覆盖”是指借款人自有现金流量占其全部应还债务本息的比例为100%（含）以上；“基本覆盖”是指借款人自有现金流占其全部应还债务本息的比例为70%（含）至100%之间；“半覆盖”是指借款人自有现金流占其全部应还债务本息的比例为30%（含）至70%之间；“无覆盖”是指借款人自有现金流占其全部应还债务本息的比例为30%以下。各银行应审慎合理测算融资平台自身现金流，并对分类结果进行动态调整，及时报牵头行汇总形成一致性意见，并按季上报监管机构。

（四）坚持退出分类制度。各银行要继续将融资平台划分为“仍按平台管理类”和“退出为一般公司类”（以下简称“退出类”。如无特殊说明，本指导意见所称融资平台均含这两类），加强对两类融资平台的统一监测和分类管理。

“退出类”，是指经核查评估和整改后，已具备商业化贷款条件，自身具有充足稳定的经营性现金流，能够全额偿还贷款本息，整体转化为一般公司类客户管理的融资平台。

凡不符合退出条件以及未完成退出流程的融资平台，均作为“仍按平台管理类”管理。

二、化解到期

（五）制订到期还款方案。对于今年到期的融资平台贷款，各银行要与融资平台、地方政府制定详细的还款方案，逐笔明确还款日期、还款金额和偿债资金来源，并于5月30日前报各银监局和各银行总行。

（六）密切监测到期贷款风险。各银行、各银监局要共同对今年到期的融资平台贷款逐笔建立统计监测制度，逐月统计到期金额和偿债资金来源。各银监局要汇总辖内融资平台贷款偿还情况，按季进行风险分析。对于不能按方案落实资金来源、未能按期偿还到期贷款或存在以贷还贷问题的，各银行要立即向监管机构报告，并及时与地方政府进行沟通，采取措施及时处置，避免出现重大违约事件。

三、控制总量

（七）控制平台贷款总量。按照“保在建、压重建、控新建”的基本要求，继续坚持总量控制。各银行业金融机构法人不得新增融资平台贷款规模。

四、优化结构

（八）实施平台层级差异化管理。新增贷款应主要支持符合条件的省级融资平台、保障性住房和国家重点在建续建项目的合理融资需求。对于现金流覆盖率低于100%或资产负债率高于80%的融资平台，各银行要确保其贷款占本行全部平台贷款的比例不高于上年水平，并采取措施逐步减少贷款发放，加大贷款清收力度。

五、严控新增

（九）严格新发放平台贷款条件。融资平台新发放贷款必须满足六个前提条件：一是现金流全覆盖；二是抵押担保符合现行规定，不存在地方政府及所属事业单位、社会团体直接或间接担保，且存量贷款已在抵押担保、贷款期限、还款方式等方面整改合格；三是融资平台存量贷款中需要财政偿还的部分已纳入地方财政预算管理，并已落实预算资金来源；四是借款人为本地融资平台；五是资产负债率低于80%；六是符合《关于制止地方政府违法违规融资行为的通知》（财预〔2012〕463号）文件有关要求。

（十）控制平台贷款投向。对于“仍按平台管理类”，新发放贷款的投向主要为五个方面：一是符合《公路法》的收费公路项目；二是国务院审批或核准通过且资本金到位的重大项目；三是符合《关于加强土地储备与融资管理的通知》（国土资发〔2012〕162号）要求，已列入国土资源部名录的土地储备机构的土地储备贷款；四是保障性安居工程建设项目；五是工程进度达到60%以上，且现金流测算达到全覆盖的在建项目。

农业发展银行的平台贷款投向还包括符合中央政策的农田水利类项目。

（十一）强化贷款审批制度。各银行应按照“统一授信、总量控制、逐笔审批、监督支付”的原则，加强总行对“仍按平台管理类”贷款的集中审批和管理，对于新增贷款，由总行统一授信和审批，加强支付监督，防止贷款挪用。

六、缓释存量

（十二）持续推进存量平台贷款整改。各银行要加强抵押担保整改，严格执行《担保法》、《物权法》、《预算法》等法律法规规定，及时落实和追加合法、有效、足值的抵质押品。要加强贷款合同整改，根据项目预期现金流情况和实际建设期、达产期及运营期，限期整改贷款合同中的整借整还和期限过长问题。对于整借整还的中长期贷款，原则上按照等额分摊的方式，每年至少两次偿还本金，利随本清。要加强贷款条件整改，全面核实存量平台贷款的合同条款和信贷条件，采取措施限期整改借款人资质不健全、项目资本金不达标、审批文件和手续不合法不齐全等问题。

（十三）分类缓释存量贷款风险。各银行应根据融资平台现金流能否达到全覆盖、项目建设进度等情况，采取“及时收贷、收回再贷、据实定贷、引资还贷、只收不贷”的方式，逐步缓释存量平台贷款风险。

“及时收贷”是指对于融资平台现金流全覆盖、已经完工达产且形成现金流收入的项目，要封闭现金流，对回笼款进行专户管理，按照原来的约定及时清收贷款。

“收回再贷”是指对于融资平台现金流全覆盖、已建成但还没有产生足够现金流偿还贷款本息（没有经济建成）的项目，可以在原有贷款额度内进行再融资。

“据实定贷”是指对于融资平台现金流全覆盖、已经确定工期但因有不可抗拒的因素导致不能如期完工，但贷款已经到期的项目，要一次性修改贷款合同，根据实际工期重新确定贷款期限。

“引资还贷”是指对于融资平台现金流不能够全覆盖，能够吸引社会资金投资的项目，在现有贷款余额不增加的前提下，可以通过资产重组、引入新投资者、项目出售等方式，引进资金用于还贷。

“只收不贷”是指对于融资平台现金流不能够全覆盖，不宜吸引社会资金投资的项目，银行只能只收不贷，并要求地方政府将偿债资金纳入预算，明确偿债资金来源。

（十四）严格把握实施条件。各银行要严格执行融资平台存量贷款风险缓释的各项要求。实施“收回再贷”和“据实定贷”的，借款人必须满足抵押担保、还款方式等方面整改合格的前提条件，必须经各银行总行审批同意，并及时向属地监管机构备案。

七、隔离风险

（十五）建立全口径融资平台负债统计制度。各银行和各级监管机构均要建立包括银行贷款、企业债券、中期票据、短期融资券、信托计划、理财产品等在内的全口径融资平台负债统计制度。各银行要统筹考虑融资平台总负债规模与其偿债能力的匹配程度，加强对融资平台的全面风险管理。

（十六）审慎持有融资平台债券。各银行应将购买持有融资平台发行债券的审批权限上收至总行，并参照新增融资平台贷款条件，制定相应的融资平台债券管理制度，实行总行统一授信、全口径监控和逐笔审批。各银行不得为融资平台发行债券提供担保。

（十七）防范融资平台变相融资。继续严格执行“名单制”管理制度，符合国发〔2010〕19号、财预〔2010〕412号及财预〔2012〕463号文件规定继续保留和新设的融资平台，必须纳入“名单制”进行统计。各银行不得对未纳入“名单制”管理的融资平台发放任何形式由财政性资金承担直接或间接还款责任的贷款。

八、审慎退出

（十八）严格平台退出条件。融资平台退出需满足五个条件：一是符合现代公司治理要求，属于按照商业化原则运作的企业法人；二是资产负债率在70%以下，财务报告经过会计师事务所审计；三是各债权银行对融资平台的风险定性均为全覆盖；四是存量贷款中需要财政偿还的部分已纳入地方财政预算管理并已落实预算资金来源，且存量贷款的抵押担保、贷款期限、还款方式等已整改合格；五是诚信经营，无违约记录，可持续独立发展。

（十九）严格平台退出程序。融资平台退出继续按照以下程序进行：一是牵头行发起。由牵头行发起，各债权银行认真审核并形成一致性退出意见。二是各总行审批。各债权银行分支机构将融资平台退出申请报各总行审核批准。三是三方签字。各债权银行获总行退出审批通过后，与地方政府相关部门、平台公司进行沟通协商并由三方签字确认。四是退出承诺。在三方签字的同时，地方政府及相关部门应明确承诺不再为“退出类”平台新增贷款提供任何担保；各银行应明确承诺按审慎信贷原则进行贷款管理，并独立承担新增贷款风险。五是监管备案。牵头行将有关资料收集完整后向融资平台属地监管机构报备，监管机构在融资平台报表中标示退出。平台退出时间以三方签字时间为准。

（二十）严格平台退后管理。“退出类”新增贷款应严格遵循产业政策、信贷政策和一般公司贷款条件，实行“谁贷款，谁承担风险”的责任追究机制。各银行总行应于2013年6月30日和12月31日前对已实施退出的融资平台的合规性和风险性进行检查，对于五项指标低于本指导意见有关退出条件监管要求、违背退出程序和贷款承诺的，应及时向融资平台属地监管机构反馈并重新纳入平台管理。各银行不得向“退出类”平台发放保障性住房和其他公益性项目贷款。

九、明晰职责

（二十一）明确各方职责。各银行作为融资平台贷款风险管控的第一责任人，要自主判定融资平台贷款是否存有风险，并应建立融资平台贷款风险问责机制。出现问题的，要严格按照规定追究责任。监管机构负责风险监管政策的制定，指导银行实施，并通过现场检查和非现场监管及时发现银行在融资平台贷款经营活动中的各种违法违规问题。

（二十二）实施现场检查。各银监局要结合2013年现场检查计划，按照属地原则对平台贷款开展现场检查，上下半年各进行一次，由各银监局、银监分局分别组织实施。其中，上半年检查重点为2012年末“退出类”平台贷款余额最大的一户，下半年检查重点为2013年上半年“仍按平台管理类”新增贷款最多的一户。检查对象原则上不与2011年、2012年重复。现场检查报告由各银监局收集汇总后，分别于2013年7月31日和2014年1月31日前报送银监会。银监会于年中开展一次针对“退出类”平台合规性的检查（形式为现场检查或抽查），重点检查已退出平台是否存在突破本指导意见有关退出条件要求以及违反退出程序的情形，一经发现，将直接重新纳入“仍按平台类管理”，并严格处理银行的相关责任人。

（二十三）加强问责机制。对于非现场监管和现场检查中发现的违规问题，要严肃追究银行相关责任人的责任，并采取监管通报、约见高级管理人员、暂停所有市场准入等监管措施。

请各银行将本指导意见尽快传达至本系统各级分支机构，并结合本行实际制定具体的落实措施及管理办法。各银监局要向地方政府做好政策汇报和解释工作。如在执行过程中发现问题，请及时向银监会报告。

中国银行业监督管理委员会
2013 年 4 月 9 日

中国银监会办公厅《关于地方政府融资平台贷款监管有关问题的说明》

（银监办发〔2011〕191 号，2011 年 6 月）

各银监局，各政策性银行、国有商业银行、股份制商业银行、金融资产管理公司，邮政储蓄银行，各省级农村信用联社，银监会直接监管的信托公司、企业集团财务公司、金融租赁公司：

银监会于 2011 年 6 月 8 日—9 日在廊坊召开了地方政府融资平台贷款监管工作会议。现将根据会议讨论研究确定的《关于地方政府融资平台贷款监管有关问题的说明》印发给你们，请参照执行。

特此通知。

2011 年 6 月 17 日

关于地方政府融资平台贷款监管有关问题的说明

根据 2011 年 6 月 8 日、9 日在廊坊召开的“地方政府融资平台贷款监管工作会议”精神，现将地方政府融资平台贷款监管有关问题说明整理如下，供各参会单位参考：

一、平台定义

地方政府融资平台是由地方政府出资设立并承担连带还款责任的机关、事业、企业三类法人。监管部门和各银行业金融机构按包含退出类和仍按平台贷款处理两大类的全口径统计平台贷款。退出平台整改为一般公司类贷款的，银行可按照商业化原则自主放贷，自担风险责任；仍按平台管理的，如符合条件可以新增贷款。

二、新增贷款

各银行对平台贷款要按照“保在建、压重建、禁新建”的总体思路，将有限的信贷资源着重用于生产经营性的项目建成完工和投产上，严格按照政策要求管控新增平台贷款，以实现全年“降旧控新”的总体目标。

（一）可放贷条件。一是符合《中华人民共和国公路法》；二是符合《国务院关于加强国有土地资产管理的通知》（国发〔2001〕15 号），含有偿还能力的公租房、廉租房、棚户区改造项目；三是国务院审批或核准的重大项目；四是对于符合国家宏观调控政策、发展规划、行业规划、产业政策、行业准入标准、土地利用总体规划以及信贷审慎管理规定等要求的融资平台在建项目贷款，其现金流能够达到全覆盖要求，资产负债率不高于80%，且存量贷款已在抵押担保、贷款期限、还款方式、合同补正等方面整改合格。

（二）不可贷规定。一是不得向银行“名单制”管理系统以外的融资平台发放贷款；二是不得再接受地方政府以直接或间接形式提供的任何担保和承诺；三是不得再接受以学校、医院、公园等公益性资产作为抵质押品；四是不得再接受以无合法土地使用权证的土地预期出让收入承诺作为抵质押。

（三）时点划分。按照国发〔2010〕19号文要求，新增贷款指2010年6月30日之后新发放贷款。对于不得向“名单制”管理系统以外的融资平台发放贷款等银监发〔2011〕34号文中明确的政策要求，以文件印发时间为准。对于文件时点之前的违规行为，各银行要限期进行整改；对于时点之后的违规行为，监管部门应依法进行问责处罚。

（四）对于公路、保障性住房新增贷款的要求。对于公路行业贷款，银行在符合条件的收费公路项目上可以新增贷款，但不得新增非收费公路项目贷款。对于保障性住房领域贷款，必须符合以下要求：一是仅包括棚户区改造、廉租房和公租房，不包括其他类型的保障性住房，如经济适用房。二是贷款期限原则上不超过15年，且不得设立宽限期。三是严格按照每半年一次还本付息要求偿还贷款本息，同时在贷款合同中新增加交叉违约条款，如未按约定期限偿还本息，即中止所有银行对该融资平台的全部贷款支持。四是借款人项目资本金全部到位，不得使用银行贷款、理财、信托资金作为项目资本金。五是各银行应对贷款流向和使用进行严格监控，一旦发生挪用，同样中止所有银行对该融资平台的全部贷款支持。

三、平台管理

（一）名单制管理。各银行应建立符合自身经营实际情况的融资平台“名单制”管理系统，由银行法人总行（部）统一规划，合理确定融资平台客户名单，适时动态调整，并向监管部门备案。不得向该名单之外的融资平台发放贷款。

（二）集中审批管理。各银行应在“名单制”管理基础上，将平台信贷审批权限统一上收至法人总行（部），制定相应的平台贷款管理制度，实行法人总行（部）统一审批，并落实信贷管理问责机制。分支机构无审批权限，仅承担前台营销和贷后管理职责。

（三）分类管理。对于平台类客户，实行名单制管理制度，纳入名单制客户贷款要严格遵循平台贷款相关各项政策，不得向名单制管理系统以外的平台发放贷款。对于到期的平台贷款，一律不得展期和以各种方式借新还旧（含跨行）。对于退出类平台客户，建立监测制度和台账统计机制，密切关注整改后贷款风险情况，并明确风险自担，在原有债权债务关系不变的前提下，一旦因非不可抗力因素形成风险，按照“谁签字谁负责”原则，严肃追究贷款方的签字人及相关责任人的责任。

四、平台整改

（一）抵押担保整改。各银行应严格执行《担保法》、《物权法》、《预算法》、《银行业监督管理法》等法律法规规定，动态关注抵质押品的合法合规性。特别是对于以政府承诺担保、以无合法土地使用权证的土地出让收入承诺、非专业土地储备机构以储备土地（如土地储备证）进行抵押的等，应作为抵押担保整改的重点，及时追加合法有效足值的抵质押品，消除违规担保的风险隐患。

（二）贷款期限整改。各银行应根据项目预期现金流情况和实际建设期、达产期及运营期，合理确定平台贷款的期限结构。项目建成后，应按照等额分摊等审慎原则，每年至少两次偿还本金，利随本清。

（三）还款方式整改。各银行应根据借款人现金流特点合理确定贷款还款方式。对于整借整还的存量平台贷款，应根据平台自由现金流和地方政府财力情况，与地方政府和平台客户协商贷款合同修订和补充完善工作，整改为每半年一次分期偿还、利随本清，化解集中还款风险。对于专业土地储备机构的土地储备贷款，可在政策规定的贷款期限内，在完成土地一级开发、招拍挂上市后即一次性偿还贷款。对于平台承建 BT 项目贷款，可在项目回购产生现金流后即一次性偿还贷款。

五、平台退出

（一）退出条件。满足以下全部条件的企业法人类平台，可以退出平台贷款管理，按照商业化原则运作。一是符合“全覆盖”原则；二是符合“定性一致”原则；三是符合“三方签字”原则。同时，退出类平台必须是企业法人，并已按要求进行公司治理、抵押担保、贷款期限、还款方式和贷款利率等方面整改，合格后方可退出。

（二）退出程序。平台退出应按照“由牵头行发起，所有贷款人共同参与，属地银监局组织协调（也可根据实际情况交由地方银行业协会组织）”的程序规范操作。通过召开由地方政府相关部门、融资平台、各债权行及银监部门共同参与的联席会议，集体会商确定将融资平台整改为一般公司类，并印发联席会议纪要，由各方遵照执行。2011 年 6 月末前，按借款人属地原则，将符合条件的企业法人类融资平台统一组织退出；2011 年 6 月末后，如有符合条件的融资平台，可按上述程序个案研究，成熟一家，退出一家。

（三）退出责任。凡退出平台管理的，在原有债权债务和担保关系不改变的前提下，再出现风险损失，由借贷双方自行承担。

六、平台现金流

（一）可以计入现金流的还贷资金来源。一是借款人自身经营性收入；二是已明确归属于借款人的专项规费收入；三是借款人拥有所有权和使用权的自有资产可变现价值。其中，已明确归属于借款人的合法专项规费收入，除车辆通行费外，还可以包括具有法律约束力的差额补足协议所形成的补差收入，具有质押权的取暖费、排污费、垃圾处理费等稳定有效的收入。

（二）不得计入现金流的还贷资金来源。地方政府提供的信用承诺、没有合法土地使用权证的土地预期出让收入（专业土地储备机构除外）、一般预算资金、政府性资金预算收入、国有资本经营预算收入、预算外收入等财政性资金承诺，均不得计入借款人自有现金流。

七、平台统计

各监管部门和各银监局应按照严格执行平台贷款统计制度要求，按照“银监局报名单、银行业机构填贷款、监管部门审数据、统计部门汇报表”的分工，各司其职，协调配合，确保数据及时有效报送。其中，各银监局应按季确定平台统计名单，填报平台基本情况、风险定性（四覆盖）结果和退出平台时间。各机构主监管员要按银监发〔2010〕338号文规定职能和要求，对照银监局确定的平台名单和定性分类及时审验核对，确认无误后方可点送统计部。无论平台退出与否，各银监局及各银行业金融机构均要按照报表要求全面、如实填列平台名单及贷款信息。

八、现场检查

2011年平台贷款现场检查按照属地原则进行，由各银监局、银监分局组织实施，重点选取各行业的平台大户进行检查。各季度现场检查内容应有侧重：第一季度重点检查平台贷款客户的资产负债、现金流覆盖等情况；第二季度重点检查已整改为一般公司类贷款客户的合规情况；第三季度重点检查平台新增贷款的合规情况；第四季度重点检查平台类贷款的整改情况。

中国银行业监督管理委员会办公厅

2011年6月17日印发

第七部分

中资企业设立境外发债主体的其他主要规定

国家发展改革委《企业境外投资管理办法》

（国家发展和改革委员会令第11号，2017年12月）

第一章　总　　则

第一条　为加强境外投资宏观指导，优化境外投资综合服务，完善境外投资全程监管，促进境外投资持续健康发展，维护我国国家利益和国家安全，根据《中华人民共和国行政许可法》、《国务院关于投资体制改革的决定》、《国务院对确需保留的行政审批项目设定行政许可的决定》等法律法规，制定本办法。

第二条　本办法所称境外投资，是指中华人民共和国境内企业（以下称“投资主体”）直接或通过其控制的境外企业，以投入资产、权益或提供融资、担保等方式，获得境外所有权、控制权、经营管理权及其他相关权益的投资活动。

前款所称投资活动，主要包括但不限于下列情形：

（一）获得境外土地所有权、使用权等权益；

（二）获得境外自然资源勘探、开发特许权等权益；

（三）获得境外基础设施所有权、经营管理权等权益；

（四）获得境外企业或资产所有权、经营管理权等权益；

（五）新建或改扩建境外固定资产；

（六）新建境外企业或向既有境外企业增加投资；

（七）新设或参股境外股权投资基金；

（八）通过协议、信托等方式控制境外企业或资产。

本办法所称企业，包括各种类型的非金融企业和金融企业。

本办法所称控制，是指直接或间接拥有企业半数以上表决权，或虽不拥有半数以上表决权，但能够支配企业的经营、财务、人事、技术等重要事项。

第三条　投资主体依法享有境外投资自主权，自主决策、自担风险。

第四条　投资主体开展境外投资，应当履行境外投资项目（以下称“项目”）核准、备案等手续，报告有关信息，配合监督检查。

第五条　投资主体开展境外投资，不得违反我国法律法规，不得威胁或损害我国国家利益和国家安全。

第六条　国家发展和改革委员会（以下称“国家发展改革委”）在国务院规定的职责范围内，履行境外投资主管部门职责，根据维护我国国家利益和国家安全的需要，对境外投资进行宏观指导、综合服务和全程监管。

第七条 国家发展改革委建立境外投资管理和服务网络系统（以下称“网络系统”）。投资主体可以通过网络系统履行核准和备案手续、报告有关信息；涉及国家秘密或不适宜使用网络系统的事项，投资主体可以另行使用纸质材料提交。网络系统操作指南由国家发展改革委发布。

第二章 境外投资指导和服务

第八条 投资主体可以就境外投资向国家发展改革委咨询政策和信息、反映情况和问题、提出意见和建议。

第九条 国家发展改革委在国务院规定的职责范围内，会同有关部门根据国民经济和社会发展需要制定完善相关领域专项规划及产业政策，为投资主体开展境外投资提供宏观指导。

第十条 国家发展改革委在国务院规定的职责范围内，会同有关部门加强国际投资形势分析，发布境外投资有关数据、情况等信息，为投资主体提供信息服务。

第十一条 国家发展改革委在国务院规定的职责范围内，会同有关部门参与国际投资规则制定，建立健全投资合作机制，加强政策交流和协调，推动有关国家和地区为我国企业开展投资提供公平环境。

第十二条 国家发展改革委在国务院规定的职责范围内，推动海外利益安全保护体系和能力建设，指导投资主体防范和应对重大风险，维护我国企业合法权益。

第三章 境外投资项目核准和备案

第一节 核准、备案的范围

第十三条 实行核准管理的范围是投资主体直接或通过其控制的境外企业开展的敏感类项目。核准机关是国家发展改革委。

本办法所称敏感类项目包括：

（一）涉及敏感国家和地区的项目；

（二）涉及敏感行业的项目。

本办法所称敏感国家和地区包括：

（一）与我国未建交的国家和地区；

（二）发生战争、内乱的国家和地区；

（三）根据我国缔结或参加的国际条约、协定等，需要限制企业对其投资的国家和地区；

（四）其他敏感国家和地区。

本办法所称敏感行业包括：

（一）武器装备的研制生产维修；

（二）跨境水资源开发利用；

（三）新闻传媒；

（四）根据我国法律法规和有关调控政策，需要限制企业境外投资的行业。

敏感行业目录由国家发展改革委发布。

第十四条　实行备案管理的范围是投资主体直接开展的非敏感类项目，也即涉及投资主体直接投入资产、权益或提供融资、担保的非敏感类项目。

实行备案管理的项目中，投资主体是中央管理企业（含中央管理金融企业、国务院或国务院所属机构直接管理的企业，下同）的，备案机关是国家发展改革委；投资主体是地方企业，且中方投资额3亿美元及以上的，备案机关是国家发展改革委；投资主体是地方企业，且中方投资额3亿美元以下的，备案机关是投资主体注册地的省级政府发展改革部门。

本办法所称非敏感类项目，是指不涉及敏感国家和地区且不涉及敏感行业的项目。

本办法所称中方投资额，是指投资主体直接以及通过其控制的境外企业为项目投入的货币、证券、实物、技术、知识产权、股权、债权等资产、权益以及提供融资、担保的总额。

本办法所称省级政府发展改革部门，包括各省、自治区、直辖市及计划单列市人民政府发展改革部门和新疆生产建设兵团发展改革部门。

第十五条　投资主体可以向核准、备案机关咨询拟开展的项目是否属于核准、备案范围，核准、备案机关应当及时予以告知。

第十六条　两个以上投资主体共同开展的项目，应当由投资额较大一方在征求其他投资方书面同意后提出核准、备案申请。如各方投资额相等，应当协商一致后由其中一方提出核准、备案申请。

第十七条　对项目所需前期费用（包括履约保证金、保函手续费、中介服务费、资源勘探费等）规模较大的，投资主体可以参照本办法第十三条、第十四条规定对项目前期费用提出核准、备案申请。经核准或备案的项目前期费用计入项目中方投资额。

第二节　核准的程序和时限

第十八条　实行核准管理的项目，投资主体应当通过网络系统向核准机关提交项目申请报告并附具有关文件。其中，投资主体是中央管理企业的，由其集团公司或总公司向核准机关提交；投资主体是地方企业的，由其直接向核准机关提交。

第十九条　项目申请报告应当包括以下内容：

（一）投资主体情况；

（二）项目情况，包括项目名称、投资目的地、主要内容和规模、中方投资额等；

（三）项目对我国国家利益和国家安全的影响分析；

（四）投资主体关于项目真实性的声明。

项目申请报告的通用文本以及应当附具的文件（以下称“附件”）清单由国家发展改革委发布。

第二十条 项目申请报告可以由投资主体自行编写，也可以由投资主体自主委托具有相关经验和能力的中介服务机构编写。

第二十一条 项目申请报告和附件齐全、符合法定形式的，核准机关应当予以受理。

项目申请报告或附件不齐全、不符合法定形式的，核准机关应当在收到项目申请报告之日起 5 个工作日内一次性告知投资主体需要补正的内容。逾期不告知的，自收到项目申请报告之日起即为受理。

核准机关受理或不予受理项目申请报告，都应当通过网络系统告知投资主体。投资主体需要受理或不予受理凭证的，可以通过网络系统自行打印或要求核准机关出具。

第二十二条 项目涉及有关部门职责的，核准机关应当商请有关部门在 7 个工作日内出具书面审查意见。有关部门逾期没有反馈书面审查意见的，视为同意。

第二十三条 核准机关在受理项目申请报告后，如确有必要，应当在 4 个工作日内委托咨询机构进行评估。除项目情况复杂的，评估时限不得超过 30 个工作日。项目情况复杂的，经核准机关同意，可以延长评估时限，但延长的时限不得超过 60 个工作日。

核准机关应当将咨询机构进行评估所需的时间告知投资主体。

接受委托的咨询机构应当在规定时限内提出评估报告，并对评估结论承担责任。

评估费用由核准机关承担，咨询机构及其工作人员不得收取投资主体任何费用。

第二十四条 核准机关可以结合有关单位意见、评估意见等，建议投资主体对项目申请报告有关内容进行调整，或要求投资主体对有关情况或材料作进一步澄清、补充。

第二十五条 核准机关应当在受理项目申请报告后 20 个工作日内作出是否予以核准的决定。项目情况复杂或需要征求有关单位意见的，经核准机关负责人批准，可以延长核准时限，但延长的核准时限不得超过 10 个工作日，并应当将延长时限的理由告知投资主体。

前款规定的核准时限，包括征求有关单位意见的时间，不包括咨询机构评估的时间。

第二十六条 核准机关对项目予以核准的条件为：

（一）不违反我国法律法规；

（二）不违反我国有关发展规划、宏观调控政策、产业政策和对外开放政策；

（三）不违反我国缔结或参加的国际条约、协定；

（四）不威胁、不损害我国国家利益和国家安全。

第二十七条 对符合核准条件的项目，核准机关应当予以核准，并向投资主体出具书面核准文件。

对不符合核准条件的项目，核准机关应当出具不予核准书面通知，并说明不予核准的理由。

第二十八条 项目违反有关法律法规、违反有关规划或政策、违反有关国际条约或协定、威胁或损害我国国家利益和国家安全的，核准机关可以不经过征求意见、委托评估等程序，直接作出不予核准的决定。

第三节 备案的程序和时限

第二十九条 实行备案管理的项目，投资主体应当通过网络系统向备案机关提交项目备案表并附具有关文件。其中，投资主体是中央管理企业的，由其集团公司或总公司向备案机关提交；投资主体是地方企业的，由其直接向备案机关提交。

项目备案表格式文本及附件清单由国家发展改革委发布。

第三十条 项目备案表和附件齐全、符合法定形式的，备案机关应当予以受理。

项目备案表或附件不齐全、项目备案表或附件不符合法定形式、项目不属于备案管理范围、项目不属于备案机关管理权限的，备案机关应当在收到项目备案表之日起5个工作日内一次性告知投资主体。逾期不告知的，自收到项目备案表之日起即为受理。

备案机关受理或不予受理项目备案表，都应当通过网络系统告知投资主体。投资主体需要受理或不予受理凭证的，可以通过网络系统自行打印或要求备案机关出具。

第三十一条 备案机关在受理项目备案表之日起7个工作日内向投资主体出具备案通知书。

备案机关发现项目违反有关法律法规、违反有关规划或政策、违反有关国际条约或协定、威胁或损害我国国家利益和国家安全的，应当在受理项目备案表之日起7个工作日内向投资主体出具不予备案书面通知，并说明不予备案的理由。

第四节 核准、备案的效力、变更和延期

第三十二条 属于核准、备案管理范围的项目，投资主体应当在项目实施前取得项目核准文件或备案通知书。

本办法所称项目实施前，是指投资主体或其控制的境外企业为项目投入资产、权益（已按照本办法第十七条办理核准、备案的项目前期费用除外）或提供融资、担保之前。

第三十三条 属于核准、备案管理范围的项目，投资主体未取得有效核准文件或备案通知书的，外汇管理、海关等有关部门依法不予办理相关手续，金融企业依法不予办理相关资金结算和融资业务。

第三十四条 已核准、备案的项目，发生下列情形之一的，投资主体应当在有关情形发生前向出具该项目核准文件或备案通知书的机关提出变更申请：

（一）投资主体增加或减少；

（二）投资地点发生重大变化；

（三）主要内容和规模发生重大变化；

（四）中方投资额变化幅度达到或超过原核准、备案金额的20%，或中方投资额变化1亿美元及以上；

（五）需要对项目核准文件或备案通知书有关内容进行重大调整的其他情形。

核准机关应当在受理变更申请之日起20个工作日内作出是否同意变更核准的书面决定。备案机关应当在受理变更申请之日起7个工作日内作出是否同意变更备案的书面

决定。

第三十五条 核准文件、备案通知书有效期2年。确需延长有效期的，投资主体应当在有效期届满的30个工作日前向出具该项目核准文件或备案通知书的机关提出延长有效期的申请。

核准机关应当在受理延期申请之日起20个工作日内作出是否同意延长核准文件有效期的书面决定。备案机关应当在受理延期申请之日起7个工作日内作出是否同意延长备案通知书有效期的书面决定。

第三十六条 核准、备案机关应当依法履行职责，严格按照规定权限、程序、时限等要求实施核准、备案行为，提高行政效能，提供优质服务。

第三十七条 对核准、备案机关实施的核准、备案行为，相关利害关系人有权依法申请行政复议或提起行政诉讼。

第三十八条 对不符合本办法规定条件的项目予以核准、备案，或违反本办法规定权限和程序予以核准、备案的，应当依法予以撤销。

第三十九条 核准、备案机关应当按照《政府信息公开条例》规定将核准、备案有关信息予以公开。

第四章 境外投资监管

第四十条 国家发展改革委和省级政府发展改革部门根据境外投资有关法律法规和政策，按照本办法第十三条、第十四条规定的分工，联合同级政府有关部门建立协同监管机制，通过在线监测、约谈函询、抽查核实等方式对境外投资进行监督检查，对违法违规行为予以处理。

第四十一条 倡导投资主体创新境外投资方式、坚持诚信经营原则、避免不当竞争行为、保障员工合法权益、尊重当地公序良俗、履行必要社会责任、注重生态环境保护、树立中国投资者良好形象。

第四十二条 投资主体通过其控制的境外企业开展大额非敏感类项目的，投资主体应当在项目实施前通过网络系统提交大额非敏感类项目情况报告表，将有关信息告知国家发展改革委。

投资主体提交的大额非敏感类项目情况报告表内容不完整的，国家发展改革委应当在收到之日起5个工作日内一次性告知投资主体需要补正的内容。逾期不告知的，视作内容完整。大额非敏感类项目情况报告表格式文本由国家发展改革委发布。

本办法所称大额非敏感类项目，是指中方投资额3亿美元及以上的非敏感类项目。

第四十三条 境外投资过程中发生外派人员重大伤亡、境外资产重大损失、损害我国与有关国家外交关系等重大不利情况的，投资主体应当在有关情况发生之日起5个工作日内通过网络系统提交重大不利情况报告表。重大不利情况报告表格式文本由国家发展改革委发布。

第四十四条 属于核准、备案管理范围的项目，投资主体应当在项目完成之日起

20 个工作日内通过网络系统提交项目完成情况报告表。项目完成情况报告表格式文本由国家发展改革委发布。

前款所称项目完成，是指项目所属的建设工程竣工、投资标的股权或资产交割、中方投资额支出完毕等情形。

第四十五条　国家发展改革委、省级政府发展改革部门可以就境外投资过程中的重大事项向投资主体发出重大事项问询函。投资主体应当按照重大事项问询函载明的问询事项和时限要求提交书面报告。

国家发展改革委、省级政府发展改革部门认为确有必要的，可以公示重大事项问询函及投资主体提交的书面报告。

第四十六条　投资主体按照本办法第四十二条、第四十三条、第四十四条、第四十五条规定提交有关报告表或书面报告后，需要凭证的，可以通过网络系统自行打印提交完成凭证。

第四十七条　国家发展改革委、省级政府发展改革部门可以根据其掌握的国际国内经济社会运行情况和风险状况，向投资主体或利益相关方发出风险提示，供投资主体或利益相关方参考。

第四十八条　投资主体应当对自身通过网络系统和线下提交的各类材料的真实性、合法性、完整性负责，不得有虚假、误导性陈述和重大遗漏。

第四十九条　有关部门和单位、驻外使领馆等发现企业违反本办法规定的，可以告知核准、备案机关。公民、法人或其他组织发现企业违反本办法规定的，可以据实向核准、备案机关举报。

国家发展改革委建立境外投资违法违规行为记录，公布并更新企业违反本办法规定的行为及相应的处罚措施，将有关信息纳入全国信用信息共享平台、国家企业信用信息公示系统、“信用中国”网站等进行公示，会同有关部门和单位实施联合惩戒。

第五章　法律责任

第五十条　国家发展改革委工作人员有下列行为之一的，责令其限期改正，并依法追究有关责任人的行政责任；构成犯罪的，依法追究刑事责任：

（一）滥用职权、玩忽职守、徇私舞弊、索贿受贿的；

（二）违反本办法规定程序和条件办理项目核准、备案的；

（三）其他违反本办法规定的行为。

第五十一条　投资主体通过恶意分拆项目、隐瞒有关情况或提供虚假材料等手段申请核准、备案的，核准、备案机关不予受理或不予核准、备案，对投资主体及主要责任人处以警告。

第五十二条　投资主体通过欺骗、贿赂等不正当手段取得项目核准文件或备案通知书的，核准、备案机关应当撤销该核准文件或备案通知书，对投资主体及主要责任人处以警告；构成犯罪的，依法追究刑事责任。

第五十三条 属于核准、备案管理范围的项目，投资主体有下列行为之一的，由核准、备案机关责令投资主体中止或停止实施该项目并限期改正，对投资主体及有关责任人处以警告；构成犯罪的，依法追究刑事责任：

（一）未取得核准文件或备案通知书而擅自实施的；

（二）应当履行核准、备案变更手续，但未经核准、备案机关同意而擅自实施变更的。

第五十四条 投资主体有下列行为之一的，由国家发展改革委或投资主体注册地的省级政府发展改革部门责令投资主体限期改正；情节严重或逾期不改正的，对投资主体及有关责任人处以警告：

（一）未按本办法第四十二条、第四十三条、第四十四条、第四十五条规定报告有关信息的；

（二）违反本办法第四十八条规定的。

第五十五条 投资主体在境外投资过程中实施不正当竞争行为、扰乱境外投资市场秩序的，由国家发展改革委或投资主体注册地的省级政府发展改革部门责令投资主体中止或停止开展该项目并限期改正，对投资主体及主要责任人处以警告。

第五十六条 境外投资威胁我国国家利益和国家安全的，由国家发展改革委或投资主体注册地的省级政府发展改革部门责令投资主体中止实施项目并限期改正。

境外投资损害我国国家利益和国家安全的，由国家发展改革委或投资主体注册地的省级政府发展改革部门责令投资主体停止实施项目、限期改正并采取补救措施，对投资主体及有关责任人处以警告；构成犯罪的，依法追究刑事责任。

投资主体按照本办法第四十三条规定及时提交重大不利情况报告表并主动改正的，可以减轻或免除本条规定的行政处罚。

第五十七条 金融企业为属于核准、备案管理范围但未取得核准文件或备案通知书的项目提供融资、担保的，由国家发展改革委通报该违规行为并商请有关金融监管部门依法依规处罚该金融企业及有关责任人。

第六章　附　　则

第五十八条 各省级政府发展改革部门要加强对本地企业境外投资的指导、服务和监管，可以按照本办法的规定制定具体实施办法。

第五十九条 国家发展改革委对省级政府发展改革部门的境外投资管理工作进行指导和监督，对发现的问题及时予以纠正。

第六十条 核准、备案机关及其工作人员，以及被核准机关征求意见、受核准机关委托进行评估的单位及其工作人员，依法对投资主体根据本办法提交的材料负有保守商业秘密的义务。

第六十一条 事业单位、社会团体等非企业组织对境外开展投资参照本办法执行。

第六十二条 投资主体直接或通过其控制的企业对香港、澳门、台湾地区开展投资的，参照本办法执行。

投资主体通过其控制的香港、澳门、台湾地区企业对境外开展投资的，参照本办法执行。

第六十三条 境内自然人通过其控制的境外企业或香港、澳门、台湾地区企业对境外开展投资的，参照本办法执行。

境内自然人直接对境外开展投资不适用本办法。境内自然人直接对香港、澳门、台湾地区开展投资不适用本办法。

第六十四条 法律、行政法规对境外投资管理有专门规定的，从其规定。

第六十五条 本办法由国家发展改革委负责解释。

第六十六条 本办法自2018年3月1日起施行。《境外投资项目核准和备案管理办法》（国家发展和改革委员会令第9号）同时废止。

国家发展改革委有关负责人就《企业境外投资管理办法》答记者问

12 月 26 日，国家发展改革委发布《企业境外投资管理办法》（国家发展和改革委员会令第 11 号，以下称“新办法”）。新办法将于 2018 年 3 月 1 日起施行，届时《境外投资项目核准和备案管理办法》（国家发展和改革委员会令第 9 号，以下称“9 号令”）同步废止。针对社会各界关心的主要问题，国家发展改革委有关负责人回答了记者提问。

问：为什么要出台新办法?

答：党的十八大以来，国家发展改革委深入贯彻习近平新时代中国特色社会主义思想，认真落实党中央、国务院关于构建开放型经济新体制、深化投融资体制改革的总体部署，全面履行境外投资主管部门职责，以“一带一路”建设为重点，深入推进境外投资领域简政放权、放管结合、优化服务改革，支持企业创新境外投资方式，促进国际产能合作，推动形成面向全球的贸易、投融资、生产、服务网络，加快培育国际经济合作和竞争新优势。

2014 年 4 月，国家发展改革委发布 9 号令，将境外投资管理方式由逐项核准改为备案为主、核准为辅，对促进和规范境外投资发展发挥了重要作用。9 号令实施三年多来，境外投资快速发展，我国跻身境外投资大国前列。同时，境外投资发展呈现出一些新问题，企业也提出一些新诉求，需要对管理制度进行改革。比如，如何降低制度性交易成本，进一步便利企业境外投资；如何补齐现行管理制度短板，进一步规范企业境外投资；如何提高公共服务质量，进一步服务企业境外投资，等等。

针对新问题新诉求，国家发展改革委深入贯彻党的十九大精神，以习近平新时代中国特色社会主义思想为指导，认真落实党中央、国务院决策部署，按照推动形成全面开放新格局、创新对外投资方式的要求，顺应境外投资发展需要，总结境外投资管理实践，广泛吸纳各界意见建议，在 9 号令基础上形成了新办法。新办法作为境外投资管理的基础性制度，在“放管服”三个方面统筹推出了八项改革举措，旨在加强境外投资宏观指导，优化境外投资综合服务，完善境外投资全程监管，促进境外投资持续健康发展，维护我国国家利益和国家安全。

问：在便利企业境外投资方面，新办法作了哪些改革?

答：新办法突出简政放权，推出三项实实在在的改革，进一步便利企业境外投资。

一是取消项目信息报告制度。按 9 号令规定，中方投资额 3 亿美元及以上的境外收购或竞标项目，投资主体在对外开展实质性工作之前，应向国家发展改革委报送项目信息报告；国家发展改革委收到项目信息报告后，对符合国家境外投资政策的项目，在7个工作日内出具确认函。新办法取消该项规定，进一步简化事前管理环节，从而降低制度性交易成本。

二是取消地方初审、转报环节。按9号令规定，地方企业向国家发展改革委申请核准的材料由省级政府发展改革部门提出审核意见后报送，向国家发展改革委申请备案的材料由省级政府发展改革部门报送。新办法取消地方初审、转报环节，属于国家发展改革委核准、备案范围的项目，地方企业通过网络系统直接向国家发展改革委提交有关申请材料，从而让企业好办事、少跑腿。

三是放宽投资主体履行核准、备案手续的最晚时间要求。按9号令规定，投资主体实施需国家发展改革委核准或备案的境外投资项目，在对外签署具有最终法律约束效力的文件前，应当取得核准文件或备案通知书；或可在签署的文件中明确生效条件为依法取得核准文件或备案通知书。新办法将投资主体履行核准、备案手续的最晚时间要求从签约前（或协议生效前）放宽至实施前：属于核准、备案管理范围的项目，投资主体应当在项目实施前取得项目核准文件或备案通知书。这有利于企业更加从容地安排交易节奏。当然，放宽投资主体履行核准、备案手续的最晚时间要求，并不是说企业只能等到项目实施前的最后一刻提交核准、备案申请。事实上，企业可以在备齐项目核准、备案材料后及时提出有关申请，以便及早取得核准文件或备案通知书。

新办法既在上述关键环节作出改革，也在许多细微之处作出改进。和9号令相比，新办法对核准和备案的程序、时限、变更、延期等作出更加明确和具体的规定，对流程进行优化，如两个以上投资主体如何确定申报单位、受理的程序和凭证、变更和延期的程序与时限等。这些“微改革”，既增强制度的可操作性，也减少核准和备案机关自由裁量空间，提高管理的透明度和确定性。

问：在规范企业境外投资方面，新办法作了哪些改革？

答：新办法突出放管结合，推出三项实实在在的改革，进一步规范企业境外投资。

一是补齐管理短板，将境内企业和自然人通过其控制的境外企业开展的境外投资纳入管理框架，采取精准化的管理措施。近年来，随着境内企业国际化程度提高，境外投资方式也更加多样，一些境外投资活动游离于现行管理边界之外，存在一定风险隐患。按照实质重于形式的管理原则，新办法将境内企业和自然人通过其控制的境外企业开展的境外投资纳入管理框架。

需要指出的是，纳入管理框架不意味着一律纳入核准、备案管理范围。对于完全是投资主体通过其控制的境外企业开展的境外投资项目（不涉及投资主体直接投入资产、权益或提供融资、担保），新办法采取“事前管理有区别、事中事后全覆盖”的管理思路，既补齐短板，也更加精准。对其中的敏感类项目实行核准管理。对其中的非敏感类项目，中方投资额3亿美元及以上的，投资主体应当将有关信息告知国家发展改革委，无需备案；而中方投资额3亿美元以下的，无需备案也无需告知。境内自然人通过其控制的境外企业开展的境外投资参照执行。

二是创新监管工具，改进协同监管和全程监管。针对境外投资监管的薄弱环节，新办法提出建立协同监管机制，通过在线监测、约谈函询、抽查核实等方式对境外投资进行监督检查。同时，新办法引入项目完成情况报告、重大不利情况报告、重大事项问询和报告等制度，改进对境外投资的全程监管，从而更好维护国家利益和国家安全。

三是完善惩戒措施，建立境外投资违法违规行为记录。针对恶意分拆、虚假申报、通过不正当手段取得核准文件或备案通知书、擅自实施项目、不按规定办理变更、应报告而未报告、不正当竞争、威胁或损害国家利益和国家安全、违规提供融资等违法违规行为，新办法明确惩戒措施、加大惩戒力度。同时，新办法提出建立境外投资违法违规行为记录，实施联合惩戒。

监管是手段，发展是目的。新办法改进事中事后监管，为的是境外投资持续健康发展，为的是国家利益和国家安全。比如，引入重大不利情况报告制度，主要政策意图不是追究有关企业责任，更多是为了及时获取有关信息、及时采取应对措施，从而政企协同将有关不利情况对国家利益和国家安全的影响降到最低。

随着监管更加精准有效，市场在资源配置中的决定性作用将得到更好发挥，真实合规的境外投资将从中受益。

问：在服务企业境外投资方面，新办法作了哪些改革？

答：新办法突出优化服务，推出两项实实在在的改革，进一步服务企业境外投资。

一是充实服务内容。新办法提出投资主体可以咨询政策和信息、反映情况和问题、提出意见和建议等。同时，明确国家发展改革委在发布境外投资信息、建立投资合作机制和推动海外利益保护等方面的主要任务，将一些实际开展的投资促进和服务保障工作纳入制度化轨道。比如，国家发展改革委近日发布《中国对外投资报告》，主动宣介我国境外投资的发展成就、管理体制和政策导向，便于外界更加全面了解中国对外投资。又如，国家发展改革委近年同世界许多国家建立双多边和第三方投资合作机制，推动有关国家为中国企业提供公平环境，为中国企业“走出去”铺路架桥。

二是推行在线办理。新办法提出建立境外投资管理和服务网络系统（简称“网络系统”）。目前，国家发展改革委正在原有备案系统基础上推进网络系统建设。新办法施行后，绝大多数境外投资管理环节（如宏观指导、信息服务、核准备案、全程监管、联合惩戒等）都将通过网络系统进行，从而提高管理效率和服务质量。

寓管理于服务、以服务促管理是新办法的重要特点。比如，新办法提出，国家发展改革委可以向投资主体或利益相关方发出风险提示，供投资主体或利益相关方参考。风险提示虽然不具有行政强制力，但既可以作为信息服务，也可以作为管理工具。和单个企业相比，政府在境外投资整体运行情况、境外经济和安全风险状况等方面具有一定信息优势。根据不同情况，国家发展改革委可以向投资主体提示境外经济和安全风险状况，作为信息服务供投资主体决策参考，让企业少“踩雷”；也可以向投资主体或利益相关方提示特定领域、特定类型境外投资活动的风险状况，作为政策信号引导市场主体预期和行为，促进境外投资持续健康发展。

问：下一步还有哪些工作考虑？

答：制度的生命力在于执行。为执行好新办法，国家发展改革委近期着力抓好三项工作。一是发布新办法明确的配套文件，包括敏感行业目录、有关格式文本及其附件清单等。二是建成新办法提出的网络系统。三是加强指导、培训和监督，提高全国发展改革系统的境外投资服务水平和监管能力，共同把新办法执行到位，更好促进企业“走出去”行稳致远。

商务部《境外投资管理办法》

（商务部令2014年第3号，2014年9月）

第一章 总　　则

第一条 为了促进和规范境外投资，提高境外投资便利化水平，根据《国务院关于投资体制改革的决定》、《国务院对确需保留的行政审批项目设定行政许可的决定》及相关法律规定，制定本办法。

第二条 本办法所称境外投资，是指在中华人民共和国境内依法设立的企业（以下简称企业）通过新设、并购及其他方式在境外拥有非金融企业或取得既有非金融企业所有权、控制权、经营管理权及其他权益的行为。

第三条 企业开展境外投资，依法自主决策、自负盈亏。

第四条 企业境外投资不得有以下情形：

（一）危害中华人民共和国国家主权、安全和社会公共利益，或违反中华人民共和国法律法规；

（二）损害中华人民共和国与有关国家（地区）关系；

（三）违反中华人民共和国缔结或者参加的国际条约、协定；

（四）出口中华人民共和国禁止出口的产品和技术。

第五条 商务部和各省、自治区、直辖市、计划单列市及新疆生产建设兵团商务主管部门（以下称省级商务主管部门）负责对境外投资实施管理和监督。

第二章 备案和核准

第六条 商务部和省级商务主管部门按照企业境外投资的不同情形，分别实行备案和核准管理。

企业境外投资涉及敏感国家和地区、敏感行业的，实行核准管理。

企业其他情形的境外投资，实行备案管理。

第七条 实行核准管理的国家是指与中华人民共和国未建交的国家、受联合国制裁的国家。必要时，商务部可另行公布其他实行核准管理的国家和地区的名单。

实行核准管理的行业是指涉及出口中华人民共和国限制出口的产品和技术的行业、影响一国（地区）以上利益的行业。

第八条 商务部和省级商务主管部门应当依法办理备案和核准，提高办事效率，提供优质服务。

商务部和省级商务主管部门通过“境外投资管理系统”（以下简称“管理系统”）对企业境外投资进行管理，并向获得备案或核准的企业颁发《企业境外投资证书》（以下简称《证书》，样式见附件1）。《证书》由商务部和省级商务主管部门分别印制并盖章，实行统一编码管理。

《证书》是企业境外投资获得备案或核准的凭证，按照境外投资最终目的地颁发。

第九条　对属于备案情形的境外投资，中央企业报商务部备案；地方企业报所在地省级商务主管部门备案。

中央企业和地方企业通过“管理系统”按要求填写并打印《境外投资备案表》（以下简称《备案表》，样式见附件2），加盖印章后，连同企业营业执照复印件分别报商务部或省级商务主管部门备案。

《备案表》填写如实、完整、符合法定形式，且企业在《备案表》中声明其境外投资无本办法第四条所列情形的，商务部或省级商务主管部门应当自收到《备案表》之日起3个工作日内予以备案并颁发《证书》。企业不如实、完整填报《备案表》的，商务部或省级商务主管部门不予备案。

第十条　对属于核准情形的境外投资，中央企业向商务部提出申请，地方企业通过所在地省级商务主管部门向商务部提出申请。

企业申请境外投资核准需提交以下材料：

（一）申请书，主要包括投资主体情况、境外企业名称、股权结构、投资金额、经营范围、经营期限、投资资金来源、投资具体内容等；

（二）《境外投资申请表》（样式见附件3），企业应当通过“管理系统”按要求填写打印，并加盖印章；

（三）境外投资相关合同或协议；

（四）有关部门对境外投资所涉的属于中华人民共和国限制出口的产品或技术准予出口的材料；

（五）企业营业执照复印件。

第十一条　核准境外投资应当征求我驻外使（领）馆（经商处室）意见。涉及中央企业的，由商务部征求意见；涉及地方企业的，由省级商务主管部门征求意见。征求意见时，商务部和省级商务主管部门应当提供投资事项基本情况等相关信息。驻外使（领）馆（经商处室）应当自接到征求意见要求之日起7个工作日内回复。

第十二条　商务部应当在受理中央企业核准申请后20个工作日内［包含征求驻外使（领）馆（经商处室）意见的时间］作出是否予以核准的决定。申请材料不齐全或者不符合法定形式的，商务部应当在3个工作日内一次告知申请企业需要补正的全部内容。逾期不告知的，自收到申请材料之日起即为受理。中央企业按照商务部的要求提交全部补正申请材料的，商务部应当受理该申请。

省级商务主管部门应当在受理地方企业核准申请后对申请是否涉及本办法第四条所列情形进行初步审查，并在15个工作日内［包含征求驻外使（领）馆（经商处室）意见的时间］将初步审查意见和全部申请材料报送商务部。申请材料不齐全或者不符合法定形式的，省级商务主管部门应当在3个工作日内一次告知申请企业需要补正的全部内容。逾期不告知的，自收到申请材料之日起即为受理。地方企业按照省级商务主管部门的要求提交全部补正申请材料的，省级商务主管部门应当受理该申请。商务部收到省级商务主管部门的初步审查意见后，应当在15个工作日内做出是否予以核准的决定。

第十三条　对予以核准的境外投资，商务部出具书面核准决定并颁发《证书》；因存在本办法第四条所列情形而不予核准的，应当书面通知申请企业并说明理由，告知其享有依法申请行政复议或者提起行政诉讼的权利。企业提供虚假材料申请核准的，商务部不予核准。

第十四条　两个以上企业共同开展境外投资的，应当由相对大股东在征求其他投资方书面同意后办理备案或申请核准。如果各方持股比例相等，应当协商后由一方办理备案或申请核准。如投资方不属同一行政区域，负责办理备案或核准的商务部或省级商务主管部门应当将备案或核准结果告知其他投资方所在地商务主管部门。

第十五条　企业境外投资经备案或核准后，原《证书》载明的境外投资事项发生变更的，企业应当按照本章程序向原备案或核准的商务部或省级商务主管部门办理变更手续。

第十六条　自领取《证书》之日起2年内，企业未在境外开展投资的，《证书》自动失效。如需再开展境外投资，应当按照本章程序重新办理备案或申请核准。

第十七条　企业终止已备案或核准的境外投资，应当在依投资目的地法律办理注销等手续后，向原备案或核准的商务部或省级商务主管部门报告。原备案或核准的商务部或省级商务主管部门根据报告出具注销确认函。

终止是指原经备案或核准的境外企业不再存续或企业不再拥有原经备案或核准的境外企业的股权等任何权益。

第十八条　《证书》不得伪造、涂改、出租、出借或以任何其他形式转让。已变更、失效或注销的《证书》应当交回原备案或核准的商务部或省级商务主管部门。

第三章　规范和服务

第十九条　企业应当客观评估自身条件、能力，深入研究投资目的地投资环境，积极稳妥开展境外投资，注意防范风险。境内外法律法规和规章对资格资质有要求的，企业应当取得相关证明文件。

第二十条　企业应当要求其投资的境外企业遵守投资目的地法律法规、尊重当地风俗习惯，履行社会责任，做好环境、劳工保护、企业文化建设等工作，促进与当地的融合。

第二十一条　企业对其投资的境外企业的冠名应当符合境内外法律法规和政策规定。未按国家有关规定获得批准的企业，其境外企业名称不得使用“中国”、“中华”等字样。

第二十二条　企业应当落实人员和财产安全防范措施，建立突发事件预警机制和应急预案。在境外发生突发事件时，企业应当在驻外使（领）馆和国内有关主管部门的指导下，及时、妥善处理。

企业应当做好外派人员的选审、行前安全、纪律教育和应急培训工作，加强对外派人员的管理，依法办理当地合法居留和工作许可。

第二十三条　企业应当要求其投资的境外企业中方负责人当面或以信函、传真、电子邮件等方式及时向驻外使（领）馆（经商处室）报到登记。

第二十四条　企业应当向原备案或核准的商务部或省级商务主管部门报告境外投资业务情况、统计资料，以及与境外投资相关的困难、问题，并确保报送情况和数据真实准确。

第二十五条　企业投资的境外企业开展境外再投资，在完成境外法律手续后，企业应当向商务主管部门报告。涉及中央企业的，中央企业通过“管理系统”填报相关信息，打印《境外中资企业再投资报告表》（以下简称《再投资报告表》，样式见附件4）并加盖印章后报商务部；涉及地方企业的，地方企业通过“管理系统”填报相关信息，打印《再投资报告表》并加盖印章后报省级商务主管部门。

第二十六条　商务部负责对省级商务主管部门的境外投资管理情况进行检查和指导。省级商务主管部门应当每半年向商务部报告本行政区域内境外投资的情况。

第二十七条　商务部会同有关部门为企业境外投资提供权益保障、投资促进、风险预警等服务。

商务部发布《对外投资合作国别（地区）指南》、国别产业指引等文件，帮助企业了解投资目的地投资环境；加强对企业境外投资的指导和规范，会同有关部门发布环境保护等指引，督促企业在境外合法合规经营；建立对外投资与合作信息服务系统，为企业开展境外投资提供数据统计、投资机会、投资障碍、风险预警等信息。

第四章　法律责任

第二十八条　企业以提供虚假材料等不正当手段办理备案并取得《证书》的，商务部或省级商务主管部门撤销该企业境外投资备案，给予警告，并依法公布处罚决定。

第二十九条　企业提供虚假材料申请核准的，商务部给予警告，并依法公布处罚决定。该企业在一年内不得再次申请该项核准。

企业以欺骗、贿赂等不正当手段获得境外投资核准的，商务部撤销该企业境外投资核准，给予警告，并依法公布处罚决定。该企业在三年内不得再次申请该项核准；构成犯罪的，依法追究刑事责任。

第三十条　企业开展境外投资过程中出现本办法第四条所列情形的，应当承担相应的法律责任。

第三十一条　企业伪造、涂改、出租、出借或以任何其他形式转让《证书》的，商务部或省级商务主管部门给予警告；构成犯罪的，依法追究刑事责任。

第三十二条　境外投资出现第二十八至三十一条规定的情形以及违反本办法其他规定的企业，三年内不得享受国家有关政策支持。

第三十三条 商务部和省级商务主管部门有关工作人员不依照本办法规定履行职责、滥用职权、索取或者收受他人财物或者谋取其他利益，构成犯罪的，依法追究刑事责任；尚不构成犯罪的，依法给予行政处分。

第五章 附 则

第三十四条 省级商务主管部门可依照本办法制定相应的工作细则。

第三十五条 本办法所称中央企业系指国务院国有资产监督管理委员会履行出资人职责的企业及其所属企业、中央管理的其他单位。

第三十六条 事业单位法人开展境外投资、企业在境外设立分支机构参照本办法执行。

第三十七条 企业赴香港、澳门、台湾地区投资参照本办法执行。

第三十八条 本办法由商务部负责解释。

第三十九条 本办法自2014年10月6日起施行。商务部2009年发布的《境外投资管理办法》（商务部令2009年第5号）同时废止。

附件：1. 企业境外投资证书（样式）
2. 境外投资备案表（样式）
3. 境外投资申请表（样式）
4. 境外中资企业再投资报告表（样式）

附件1

企业境外投资证书（样式）

境外投资证第　　号

××公司右页所列境外投资符合《境外投资管理办法》（商务部令2014年第3号）有关规定，现予以颁发《企业境外投资证书》。

公司自领取本证书之日起2年内，未从事右页所列境外投资，证书自动失效。

公司开展境外投资业务应认真遵守境内外相关的法律法规和政策。

发证机关（盖章）

年　月　日

<table>
<tr><td>境外企业
（最终目的地）</td><td>名称</td><td colspan="2"></td><td>国家/地区</td><td colspan="2"></td></tr>
<tr><td>设立方式</td><td colspan="6">□新设 □并购 □变更</td></tr>
<tr><td rowspan="2">投资主体</td><td>中方名称</td><td colspan="2"></td><td>股比</td><td colspan="2"></td></tr>
<tr><td>外方名称</td><td colspan="2"></td><td>股比</td><td colspan="2"></td></tr>
<tr><td rowspan="2">投资总额</td><td>中方</td><td colspan="5">万元人民币（折合 万美元）</td></tr>
<tr><td>外方</td><td colspan="5">万元人民币（折合 万美元）</td></tr>
<tr><td colspan="2">中方境内现金出资
实际币种和金额</td><td>币种</td><td></td><td colspan="2">金额
（单位：万）</td><td></td></tr>
<tr><td rowspan="10">中方投资构成
（单位：
万元人民币）</td><td rowspan="7">境内</td><td rowspan="2">现金</td><td>自有资金</td><td colspan="3"></td></tr>
<tr><td>银行贷款</td><td colspan="3"></td></tr>
<tr><td>实物</td><td colspan="4"></td></tr>
<tr><td>无形资产</td><td colspan="4"></td></tr>
<tr><td>股权</td><td colspan="4"></td></tr>
<tr><td>其他</td><td colspan="4"></td></tr>
<tr><td rowspan="3">境外</td><td>自有资金</td><td colspan="4"></td></tr>
<tr><td>银行贷款</td><td colspan="4"></td></tr>
<tr><td>其他</td><td colspan="4"></td></tr>
<tr><td colspan="2">经营范围</td><td colspan="5"></td></tr>
<tr><td colspan="2">申报文号</td><td colspan="2"></td><td colspan="2">核准或备案文号</td><td></td></tr>
<tr><td colspan="2">投资路径
（仅限第一层级境外企业）</td><td>名称</td><td></td><td colspan="2">国家/地区</td><td></td></tr>
<tr><td colspan="2">备注</td><td colspan="5"></td></tr>
</table>

附件 2

境外投资备案表（样式）

单位： 万美元

<table>
<tr><td colspan="4">【系统统一编号】</td></tr>
<tr><td>基本事由</td><td colspan="3"></td></tr>
<tr><td rowspan="4">境内投资主体</td><td>名称：</td><td rowspan="4">联系人</td><td>姓名：</td></tr>
<tr><td>法定代表人：</td><td>座机：</td></tr>
<tr><td>地址：</td><td>手机：</td></tr>
<tr><td>所有制类型：（下拉列表选择）</td><td>电子邮件：</td></tr>
<tr><td>主管部门/集团总部</td><td colspan="3"></td></tr>
<tr><td>投资路径（仅限第一层级境外企业）</td><td>名称：（可视情增加）</td><td colspan="2">国家（地区）：</td></tr>
<tr><td>境外投资最终目的地</td><td colspan="3">国家（地区）： 省（州）： 城市：</td></tr>
<tr><td>境外企业名称
（最终目的地）</td><td colspan="3">中文：
外文：</td></tr>
<tr><td rowspan="4">股权结构</td><td rowspan="2">中方</td><td>股东 1：</td><td>股比：</td></tr>
<tr><td>股东 2：（可视情增加）</td><td>股比：</td></tr>
<tr><td rowspan="2">外方</td><td>股东 1：</td><td>股比：</td></tr>
<tr><td>股东 2：</td><td>股比：</td></tr>
<tr><td>设立方式</td><td colspan="3">○新设 ○并购 ○变更</td></tr>
<tr><td>经营范围</td><td colspan="3"></td></tr>
<tr><td rowspan="2">境外企业所属行业</td><td colspan="3">（下拉式列表选择）</td></tr>
<tr><td colspan="3">○ 是否属于涉及出口国家限制出口的产品和技术的行业
○ 是否属于影响一国（地区）以上利益的行业</td></tr>
<tr><td>注册资本</td><td colspan="3">______，中方占 %股份，外方占 %股份</td></tr>
<tr><td>投资规模</td><td colspan="3">投资总额______（折合______万元人民币），其中，1. 中方投资额______（折合______万元人民币）；2. 外方投资额______（折合______万元人民币）。折算汇率：</td></tr>
</table>

续表

<table>
<tr><td rowspan="2">中方出资币种和金额
（单位：万）</td><td colspan="2">币种1：　　　　　　　　金额：</td></tr>
<tr><td colspan="2">币种2：（可视情增加）　　　　金额：</td></tr>
<tr><td rowspan="2">中方投资的构成
（单位：万美元）</td><td>境内</td><td>1. 现金出资______（包括股东借款等债权出资），其中：自有资金______，银行贷款______（包括项目融资）；
2. 实物出资______；
3. 无形资产______；
4. 股权出资______；
5. 其他__________。</td></tr>
<tr><td>境外</td><td>1. 自有资金______；
2. 银行贷款______（包括内保外贷、外保外贷等）；
3. 其他__________。</td></tr>
<tr><td rowspan="2">投资具体情况</td><td>项目简况</td><td>（包括经营内容、规模、产品/市场、配套基础设施、投资回收期等。如属于并购类投资，需包括并购目标公司的生产经营状况、资产财务状况以及具体收购方案等）</td></tr>
<tr><td>项目意义</td><td>（包括带动出口、获取技术、获得或建立营销网络、创造当地就业和税收等情况）</td></tr>
<tr><td colspan="3">本单位承诺本表中涉及的投资无以下情形：
（一）危害中华人民共和国国家主权、安全和社会公共利益，或违反中华人民共和国法律法规；
（二）损害中华人民共和国与有关国家（地区）关系；
（三）违反中华人民共和国缔结或者参加的国际条约、协定；
（四）出口中华人民共和国禁止出口的产品和技术。
本单位保证以上填报事项及材料的真实性，承诺遵守中华人民共和国及投资目的地相关法律法规，并按照《境外投资管理办法》（商务部令2014年第3号）的规定开展境外投资。

企业盖章：

年　月　日</td></tr>
<tr><td colspan="3">注：实行核准管理的国家中，与我国未建交的国家名单参见中华人民共和国外交部网站（cs. mfa. gov. cn/zlbg/bgzl/qtzl/t1094257. shtml）；受联合国制裁的国家名单参见联合国中文网站（www. un. org/chinese/sc/committees/list_ compend. shtml）。</td></tr>
<tr><td colspan="3">以下由商务部或省级商务主管机关填写：</td></tr>
</table>

初核		复核		签发	

附件3

境外投资申请表（样式）

单位：　　万美元

<table>
<tr><td colspan="5">【系统统一编号】</td></tr>
<tr><td>基本事由</td><td colspan="4"></td></tr>
<tr><td rowspan="4">境内投资主体</td><td colspan="2">名称：</td><td rowspan="4">联系人</td><td>姓名：</td></tr>
<tr><td colspan="2">法定代表人：</td><td>座机：</td></tr>
<tr><td colspan="2">地址：</td><td>手机：</td></tr>
<tr><td colspan="2">所有制类型：（下拉列表选择）</td><td>电子邮件：</td></tr>
<tr><td>主管部门/集团总部</td><td colspan="4"></td></tr>
<tr><td>投资路径
（仅限第一层级境外企业）</td><td colspan="2">名称：（可视情增加）</td><td colspan="2">国家（地区）：</td></tr>
<tr><td>境外投资最终目的地</td><td colspan="4">国家（地区）：　　省（州）：　　城市：</td></tr>
<tr><td>境外企业名称
（最终目的地）</td><td colspan="4">中文：
外文：</td></tr>
<tr><td>注册资本</td><td colspan="4">______，中方占　　%股份，外方占　　%股份</td></tr>
<tr><td rowspan="4">股权结构</td><td rowspan="2">中方</td><td colspan="2">股东1：</td><td>股比：</td></tr>
<tr><td colspan="2">股东2：（可视情增加）</td><td>股比：</td></tr>
<tr><td rowspan="2">外方</td><td colspan="2">股东1：</td><td>股比：</td></tr>
<tr><td colspan="2">股东2：</td><td>股比：</td></tr>
<tr><td>设立方式</td><td colspan="4">○新设　　○并购　　○变更</td></tr>
<tr><td>经营范围</td><td colspan="4"></td></tr>
<tr><td rowspan="2">境外企业所属行业</td><td colspan="4">（下拉式列表选择）</td></tr>
<tr><td colspan="4">○ 是否属于涉及出口国家限制出口的产品和技术的行业
○ 是否属于影响一国（地区）以上利益的行业</td></tr>
<tr><td>注册资本</td><td colspan="4">______，中方占　　%股份，外方占　　%股份</td></tr>
<tr><td>投资规模</td><td colspan="4">投资总额______（折合______万元人民币），其中，1. 中方投资额______（折合______万元人民币）；2. 外方投资额______（折合______万元人民币）。折算汇率：</td></tr>
</table>

续表

<table>
<tr><td rowspan="2">中方出资币种和金额
（单位：万）</td><td colspan="2">币种 1：　　　　　　　　金额：</td></tr>
<tr><td colspan="2">币种 2：（可视情增加）　　　金额：</td></tr>
<tr><td rowspan="2">中方投资的构成
（单位：万美元）</td><td>境内</td><td>1. 现金出资______（包括股东借款等债权出资），其中：自有资金______，银行贷款______（包括项目融资）；
2. 实物出资______；
3. 无形资产______；
4. 股权出资______；
5. 其他__________。</td></tr>
<tr><td>境外</td><td>1. 自有资金______；
2. 银行贷款______（包括内保外贷、外保外贷等）；
3. 其他__________。</td></tr>
<tr><td rowspan="2">投资具体情况</td><td>项目简况</td><td>（包括经营内容、规模、产品/市场、配套基础设施、投资回收期等。如属于并购类投资，需包括并购目标公司的生产经营状况、资产财务状况以及具体收购方案等）</td></tr>
<tr><td>项目意义</td><td>（包括带动出口、获取技术、获得或建立营销网络、创造当地就业和税收等情况）</td></tr>
<tr><td colspan="3">本单位承诺本表中涉及的投资无以下情形：
（一）危害中华人民共和国国家主权、安全和社会公共利益，或违反中华人民共和国法律法规；
（二）损害中华人民共和国与有关国家（地区）关系；
（三）违反中华人民共和国缔结或者参加的国际条约、协定；
（四）出口中华人民共和国禁止出口的产品和技术。
本单位保证以上填报事项及材料的真实性，承诺遵守中华人民共和国及投资目的地相关法律法规，并按照《境外投资管理办法》（商务部令 2014 年第 3 号）的规定开展境外投资。

企业盖章：

年　月　日</td></tr>
<tr><td colspan="3">注：实行核准管理的国家中，与我国未建交的国家名单参见中华人民共和国外交部网站（cs. mfa. gov. cn/zlbg/bgzl/qtzl/t1094257. shtml）；受联合国制裁的国家名单参见联合国中文网站（www. un. org/chinese/sc/committees/list_ compend. shtml）。</td></tr>
</table>

<table>
<tr><td colspan="6">以下由商务部或省级商务主管机关填写：</td></tr>
<tr><td>初核</td><td></td><td>复核</td><td></td><td>签发</td><td></td></tr>
</table>

附件 4

境外中资企业再投资报告表（样式）

单位： 万美元

<table>
<tr><td colspan="4">【系统统一编号】</td></tr>
<tr><td>基本事由</td><td colspan="3"></td></tr>
<tr><td rowspan="2">境外中资企业名称</td><td>中文：</td><td rowspan="2">注册地</td><td rowspan="2"></td></tr>
<tr><td>外文：</td></tr>
<tr><td rowspan="2">再投资境外企业（项目）名称</td><td>中文：</td><td rowspan="2">注册地</td><td rowspan="2">国家（地区）：（下拉式列表选择）
省（州）： 城市：</td></tr>
<tr><td>外文：</td></tr>
<tr><td>再投资规模</td><td colspan="3">投资总额______，其中：1. 自有资金______；2. 境内银行贷款______；3. 境外银行贷款______；4. 其他______。</td></tr>
<tr><td>再投资简介</td><td colspan="3">（包括经营内容、规模、产品/市场、配套基础设施、投资回收期等。如属于并购类投资，需包括并购目标公司的生产经营状况、资产财务状况以及具体收购方案等）</td></tr>
<tr><td>注册资本</td><td colspan="3">____________</td></tr>
<tr><td>股权结构</td><td colspan="3">境外中资企业占股比：
其他方股东名称及股比：</td></tr>
<tr><td>设立方式</td><td colspan="3">○新设 ○并购</td></tr>
<tr><td>经营范围</td><td colspan="3"></td></tr>
<tr><td>所属行业</td><td colspan="3">（下拉式列表选择）</td></tr>
<tr><td>多层级再投资报告说明</td><td colspan="3">（如该境外中资企业通过设立多层级企业实现再投资，则需填写此项）</td></tr>
<tr><td colspan="4">附件：
1.《企业境外投资证书》（即境外中资企业获得的证书）</td></tr>
<tr><td colspan="4">本单位保证以上填报事项及材料的真实性，承诺遵守中华人民共和国及投资目的地相关法律法规，并按照《境外投资管理办法》（商务部令 2014 年第 3 号）的规定开展境外投资。

企业盖章：

年 月 日</td></tr>
</table>

国资委《中央企业境外投资监督管理办法》

（国务院国有资产监督管理委员会令第35号，2017年1月）

第一章　总　　则

第一条　为加强中央企业境外投资监督管理，推动中央企业提升国际化经营水平，根据《中华人民共和国公司法》、《中华人民共和国企业国有资产法》、《关于深化国有企业改革的指导意见》（中发〔2015〕22号）和《关于改革和完善国有资产管理体制的若干意见》（国发〔2015〕63号）等法律法规和文件，制定本办法。

第二条　本办法所称中央企业是指国务院国有资产监督管理委员会（以下简称国资委）代表国务院履行出资人职责的国家出资企业。本办法所称境外投资是指中央企业在境外从事的固定资产投资与股权投资。本办法所称境外重大投资项目是指中央企业按照本企业章程及投资管理制度规定，由董事会研究决定的境外投资项目。本办法所称主业是指由中央企业发展战略和规划确定并经国资委确认公布的企业主要经营业务；非主业是指主业以外的其他经营业务。

第三条　国资委按照以管资本为主加强监管的原则，以把握投资方向、优化资本布局、严格决策程序、规范资本运作、提高资本回报、维护资本安全为重点，依法建立信息对称、权责对等、运行规范、风险控制有力的中央企业境外投资监督管理体系，推动中央企业强化境外投资行为的全程全面监管。

第四条　国资委指导中央企业建立健全境外投资管理制度，强化战略规划引领、明确投资决策程序、规范境外经营行为、加强境外风险管控、推动走出去模式创新，制定中央企业境外投资项目负面清单，对中央企业境外投资项目进行分类监管，监督检查中央企业境外投资管理制度的执行情况、境外重大投资项目的决策和实施情况，组织开展对境外重大投资项目后评价，对境外违规投资造成国有资产损失以及其他严重不良后果的进行责任追究。

第五条　中央企业是境外投资项目的决策主体、执行主体和责任主体。中央企业应当建立境外投资管理体系，健全境外投资管理制度，科学编制境外投资计划，研究制定境外投资项目负面清单，切实加强境外项目管理，提高境外投资风险防控能力，组织开展境外检查与审计，按职责进行责任追究。

第六条　中央企业境外投资应当遵循以下原则：

（一）战略引领。符合企业发展战略和国际化经营规划，坚持聚焦主业，注重境内外业务协同，提升创新能力和国际竞争力。

（二）依法合规。遵守我国和投资所在国（地区）法律法规、商业规则和文化习俗，合规经营，有序发展。

（三）能力匹配。投资规模与企业资本实力、融资能力、行业经验、管理水平和抗风险能力等相适应。

（四）合理回报。遵循价值创造理念，加强投资项目论证，严格投资过程管理，提高投资收益水平，实现国有资产保值增值。

第二章　境外投资监管体系建设

第七条　中央企业应当根据本办法规定，结合本企业实际，建立健全境外投资管理制度。企业境外投资管理制度应包括以下主要内容：

（一）境外投资应遵循的基本原则；

（二）境外投资管理流程、管理部门及相关职责；

（三）境外投资决策程序、决策机构及其职责；

（四）境外投资项目负面清单制度；

（五）境外投资信息化管理制度；

（六）境外投资风险管控制度；

（七）境外投资项目的完成、中止、终止或退出制度；

（八）境外投资项目后评价制度；

（九）违规投资责任追究制度；

（十）对所属企业境外投资活动的授权、监督与管理制度。

企业境外投资管理制度应经董事会审议通过后报送国资委。

第八条　国资委和中央企业应当建立并优化投资管理信息系统，提升境外投资管理信息化水平，采用信息化手段实现对境外投资项目的全覆盖动态监测、分析与管理，对项目面临的风险实时监控，及时预警，防患于未然。中央企业按本办法规定向国资委报送的有关纸质文件和材料，应同时通过中央企业投资管理信息系统报送电子版信息。

第九条　国资委根据国家有关规定和监管要求，建立发布中央企业境外投资项目负面清单，设定禁止类和特别监管类境外投资项目，实行分类监管。列入负面清单禁止类的境外投资项目，中央企业一律不得投资；列入负面清单特别监管类的境外投资项目，中央企业应当报送国资委履行出资人审核把关程序；负面清单之外的境外投资项目，由中央企业按照企业发展战略和规划自主决策。中央企业境外投资项目负面清单的内容保持相对稳定，并适时动态调整。

中央企业应当在国资委发布的中央企业境外投资项目负面清单基础上，结合企业实际，制定本企业更为严格、具体的境外投资项目负面清单。

第十条　国资委建立完善投资监管联动机制，发挥战略规划、法律合规、财务监督、产权管理、考核分配、资本运营、干部管理、外派监事会监督、纪检监察、审计巡视等相关监管职能合力，实现对中央企业境外投资活动过程监管全覆盖，及时发现投资风险，减少投资损失。

第三章　境外投资事前管理

第十一条　中央企业应当根据国资委制定的中央企业五年发展规划纲要、企业发展战略和规划，制定清晰的国际化经营规划，明确中长期国际化经营的重点区域、重点领域和重点项目。中央企业应当根据企业国际化经营规划编制年度境外投资计划，并纳入企业年度投资计划，按照《中央企业投资监督管理办法》管理。

第十二条　列入中央企业境外投资项目负面清单特别监管类的境外投资项目，中央企业应当在履行企业内部决策程序后、在向国家有关部门首次报送文件前报国资委履行出资人审核把关程序。中央企业应当报送以下材料：

（一）开展项目投资的报告；

（二）企业有关决策文件；

（三）项目可研报告（尽职调查）等相关文件；

（四）项目融资方案；

（五）项目风险防控报告；

（六）其他必要的材料。

国资委依据相关法律、法规和国有资产监管规定等，从项目风险、股权结构、资本实力、收益水平、竞争秩序、退出条件等方面履行出资人审核把关程序，并对有异议的项目在收到相关材料后20个工作日内向企业反馈书面意见。国资委认为有必要时，可委托第三方咨询机构对项目进行论证。

第十三条　中央企业应当根据企业发展战略和规划，按照经国资委确认的主业，选择、确定境外投资项目，做好境外投资项目的融资、投资、管理、退出全过程的研究论证。对于境外新投资项目，应当充分借助国内外中介机构的专业服务，深入进行技术、市场、财务和法律等方面的可行性研究与论证，提高境外投资决策质量，其中股权类投资项目应开展必要的尽职调查，并按要求履行资产评估或估值程序。

第十四条　中央企业原则上不得在境外从事非主业投资。有特殊原因确需开展非主业投资的，应当报送国资委审核把关，并通过与具有相关主业优势的中央企业合作的方式开展。

第十五条　中央企业应当明确投资决策机制，对境外投资决策实行统一管理，向下授权境外投资决策的企业管理层级原则上不超过二级。各级境外投资决策机构对境外投资项目做出决策，应当形成决策文件，所有参与决策的人员均应当在决策文件上签字背书，所发表意见应记录存档。

第四章　境外投资事中管理

第十六条　国资委对中央企业实施中的境外重大投资项目进行随机监督检查，重点检查企业境外重大投资项目决策、执行和效果等情况，对发现的问题向企业进行提示。

第十七条 中央企业应当定期对实施、运营中的境外投资项目进行跟踪分析，针对外部环境和项目本身情况变化，及时进行再决策。如出现影响投资目的实现的重大不利变化时，应研究启动中止、终止或退出机制。中央企业因境外重大投资项目再决策涉及到年度投资计划调整的，应当将调整后的年度投资计划报送国资委。

第十八条 中央企业应当建立境外投资项目阶段评价和过程问责制度，对境外重大投资项目的阶段性进展情况开展评价，发现问题，及时调整，对违规违纪行为实施全程追责，加强过程管控。

第十九条 中央企业应当按照国资委要求，分别于每年一、二、三季度终了次月10日前将季度境外投资完成情况通过中央企业投资管理信息系统报送国资委。季度境外投资完成情况主要包括固定资产投资、股权投资、重大投资项目完成情况，以及需要报告的其他事项等内容。部分重点行业的中央企业应当按要求报送季度境外投资分析情况。

第五章 境外投资事后管理

第二十条 中央企业在年度境外投资完成后，应当编制年度境外投资完成情况报告，并于下一年1月31日前报送国资委。年度境外投资完成情况报告包括但不限于以下内容：

（一）年度境外投资完成总体情况；

（二）年度境外投资效果分析；

（三）境外重大投资项目进展情况；

（四）年度境外投资后评价工作开展情况；

（五）年度境外投资存在的主要问题及建议。

第二十一条 境外重大投资项目实施完成后，中央企业应当及时开展后评价，形成后评价专项报告。通过项目后评价，完善企业投资决策机制，提高项目成功率和投资收益，总结投资经验，为后续投资活动提供参考，提高投资管理水平。国资委对中央企业境外投资项目后评价工作进行监督和指导，选择部分境外重大投资项目开展后评价，并向企业通报后评价结果，对项目开展的有益经验进行推广。

第二十二条 中央企业应当对境外重大投资项目开展常态化审计，审计的重点包括境外重大投资项目决策、投资方向、资金使用、投资收益、投资风险管理等方面。

第二十三条 国资委建立中央企业国际化经营评价指标体系，组织开展中央企业国际化经营年度评价，将境外投资管理作为经营评价的重要内容，评价结果定期报告和公布。

第六章 境外投资风险管理

第二十四条 中央企业应当将境外投资风险管理作为投资风险管理体系的重要内

容。强化境外投资前期风险评估和风控预案制订，做好项目实施过程中的风险监控、预警和处置，防范投资后项目运营、整合风险，做好项目退出的时点与方式安排。

第二十五条　中央企业境外投资项目应当积极引入国有资本投资、运营公司以及民间投资机构、当地投资者、国际投资机构入股，发挥各类投资者熟悉项目情况、具有较强投资风险管控能力和公关协调能力等优势，降低境外投资风险。对于境外特别重大投资项目，中央企业应建立投资决策前风险评估制度，委托独立第三方有资质咨询机构对投资所在国（地区）政治、经济、社会、文化、市场、法律、政策等风险做全面评估。纳入国资委债务风险管控的中央企业不得因境外投资推高企业的负债率水平。

第二十六条　中央企业应当重视境外项目安全风险防范，加强与国家有关部门和我驻外使（领）馆的联系，建立协调统一、科学规范的安全风险评估、监测预警和应急处置体系，有效防范和应对项目面临的系统性风险。

第二十七条　中央企业应当根据自身风险承受能力，充分利用政策性出口信用保险和商业保险，将保险嵌入企业风险管理机制，按照国际通行规则实施联合保险和再保险，减少风险发生时所带来的损失。

第二十八条　中央企业应当树立正确的义利观，坚持互利共赢原则，加强与投资所在国（地区）政府、媒体、企业、社区等社会各界公共关系建设，积极履行社会责任，注重跨文化融合，营造良好的外部环境。

第七章　责任追究

第二十九条　中央企业违反本办法规定，未履行或未正确履行投资管理职责造成国有资产损失以及其他严重不良后果的，依照《中华人民共和国企业国有资产法》《国务院办公厅关于建立国有企业违规经营投资责任追究制度的意见》（国办发〔2016〕63号）等有关规定，由有关部门追究中央企业经营管理人员的责任。对瞒报、谎报、不及时报送投资信息的中央企业，国资委予以通报批评。

第三十条　国资委相关工作人员违反本办法规定造成不良影响的，由国资委责令其改正；造成国有资产损失的，由有关部门按照干部管理权限给予处分；涉嫌犯罪的，依法移送司法机关处理。

第八章　附　　则

第三十一条　本办法由国资委负责解释。

第三十二条　本办法自公布之日起施行。国资委于2012年公布的《中央企业境外投资监督管理暂行办法》（国资委令第28号）同时废止。

第八部分

国际金融组织和外国政府贷款的主要规定

国际金融组织和外国政府贷款投资项目管理暂行办法

（国家发展和改革委员会令第28号，2005年2月）

第一章 总 则

第一条 为加强国际金融组织和外国政府贷款（以下简称国外贷款）投资项目管理，提高国外贷款使用效益，根据《国务院关于投资体制改革的决定》和国家有关外债管理规定，制定本办法。

第二条 借用世界银行、亚洲开发银行、国际农业发展基金会等国际金融组织贷款和外国政府贷款及与贷款混合使用的赠款、联合融资等投资项目的管理，适用本办法。

第三条 境内企业、机构、团体均可申请借用国外贷款。

第四条 国外贷款属于国家主权外债，按照政府投资资金进行管理。国外贷款主要用于公益性和公共基础设施建设，保护和改善生态环境，促进欠发达地区经济和社会发展。

第二章 国外贷款备选项目规划

第五条 国外贷款备选项目规划是项目对外开展工作的依据。借用国外贷款的项目必须纳入国外贷款备选项目规划。

未纳入国外贷款备选项目规划的项目，国务院各有关部门、地方各级政府和项目用款单位不得向国际金融组织或外国政府等国外贷款机构正式提出贷款申请。

第六条 国务院发展改革部门按照国民经济和社会发展规划、产业政策、外债管理及国外贷款使用原则和要求，编制国外贷款备选项目规划，并据此制定、下达年度项目签约计划。

世界银行、亚洲开发银行贷款和日本政府日元贷款备选项目规划由国务院发展改革部门提出，商国务院财政部门后报国务院批准。

第七条 国务院行业主管部门、省级发展改革部门、计划单列企业集团和中央管理企业向国务院发展改革部门申报纳入国外贷款规划的备选项目。

国务院行业主管部门申报的项目，由地方政府安排配套资金、承担贷款偿还责任或提供贷款担保的，应当同时出具省级发展改革部门及有关部门意见。

第八条 申报纳入国外贷款规划的备选项目材料包括以下内容：

（一）项目简要情况；

（二）项目建设必要性；

（三）拟申请借用国外贷款的类别或国别；

（四）贷款金额及用途；

（五）贷款偿还责任。

第九条 已纳入国际金融组织贷款、日本政府日元贷款备选项目规划的项目，如需调整贷款来源或撤销贷款的，应当将调整内容按照本办法第七条规定的程序报国务院发展改革部门。

纳入其他外国政府贷款备选项目规划的项目，如需调整贷款来源的，应当将调整内容在项目资金申请报告审批阶段一并报批。

第十条 原批准使用其他资金的项目，拟申请转用国外贷款；或已批准使用国外贷款的项目，拟申请转用其他资金的，应当按照本办法第七条规定的程序报国务院发展改革部门。

第十一条 国务院发展改革部门、省级发展改革部门参与项目的有关对外工作，指导和督促国外贷款规划及年度项目签约计划的落实。

第十二条 纳入国外贷款备选项目规划的项目，应当区别不同情况履行审批、核准或备案手续：

（一）由中央统借统还的项目，按照中央政府直接投资项目进行管理，其项目建议书、可行性研究报告由国务院发展改革部门审批或审核后报国务院审批。

（二）由省级政府负责偿还或提供还款担保的项目，按照省级政府直接投资项目进行管理，其项目审批权限，按国务院及国务院发展改革部门的有关规定执行。除应当报国务院及国务院发展改革部门审批的项目外，其他项目的可行性研究报告均由省级发展改革部门审批，审批权限不得下放。

（三）由项目用款单位自行偿还且不需政府担保的项目，参照《政府核准的投资项目目录》规定办理：凡《政府核准的投资项目目录》所列的项目，其项目申请报告分别由省级发展改革部门、国务院发展改革部门核准，或由国务院发展改革部门审核后报国务院核准；《政府核准的投资项目目录》之外的项目，报项目所在地省级发展改革部门备案。

第三章 项目资金申请报告

第十三条 项目纳入国外贷款备选项目规划并完成审批、核准或备案手续后，项目用款单位须向所在地省级发展改革部门提出项目资金申请报告。

项目资金申请报告由省级发展改革部门初审后，报国务院发展改革部门审批。

国务院行业主管部门、计划单列企业集团和中央管理企业的项目资金申请报告，直接报国务院发展改革部门审批。

第十四条　由国务院及国务院发展改革部门审批的项目可行性研究报告，可行性研究报告中应当包括项目资金申请报告内容，不再单独审批项目资金申请报告。

第十五条　项目资金申请报告应当具备以下内容：

（一）项目概况，包括项目建设规模及内容、总投资、资本金、国外贷款及其他资金、项目业主、项目执行机构、项目建设期；

（二）国外贷款来源及条件，包括国外贷款机构或贷款国别、还款期、宽限期、利率、承诺费等；

（三）项目对外工作进展情况；

（四）贷款使用范围，包括贷款用于土建、设备、材料、咨询和培训等的资金安排；

（五）设备和材料采购清单及采购方式，包括主要设备和材料规格、数量、单价；

（六）经济分析和财务评价结论；

（七）贷款偿还及担保责任、还款资金来源及还款计划。

第十六条　项目资金申请报告应当附以下文件：

（一）项目批准文件（项目可行性研究报告批准文件、项目申请报告核准文件或项目备案文件）。

（二）国际金融组织和日本国际协力银行贷款项目，提供国外贷款机构对项目的评估报告。

（三）国务院行业主管部门提出项目资金申请报告时，如项目需地方政府安排配套资金、承担贷款偿还责任或提供贷款担保的，出具省级发展改革部门及有关部门意见。

（四）申请使用限制性采购的国外贷款项目，出具对国外贷款条件、国内外采购比例、设备价格等比选结果报告。

第十七条　国务院发展改革部门审批项目资金申请报告的条件是：

（一）符合国家利用国外贷款的政策及使用规定；

（二）符合国外贷款备选项目规划；

（三）项目已按规定履行审批、核准或备案手续；

（四）国外贷款偿还和担保责任明确，还款资金来源及还款计划落实；

（五）国外贷款机构对项目贷款已初步承诺。

第十八条　项目资金申请报告批准后，项目建设内容、贷款金额及用途等发生变化的，须按本办法第十三条规定的程序将调整方案报国务院发展改革部门批准。

第十九条　国务院及国务院发展改革部门对项目可行性研究报告或资金申请报告的批准文件，是对外谈判、签约和对内办理转贷生效、外债登记、招标采购和免税手续的依据。

第二十条　未经国务院及国务院发展改革部门审批可行性研究报告或资金申请报告的项目，有关部门和单位不得对外签署贷款协定、协议和合同，外汇管理、税务、海关等部门及银行不予办理相关手续。

第二十一条 项目资金申请报告自批准之日起两年内，项目未签订国外贷款转贷协议的，该批准文件自动失效。

第四章 项目实施管理

第二十二条 国务院发展改革部门、省级发展改革部门指导和协调项目实施工作，监督有关招投标活动。

第二十三条 国外贷款项目出现余款时，项目用款单位应当及时办理有关余款取消手续，并按本办法第十三条规定的程序抄报国务院发展改革部门。

如将余款继续用于完善原项目建设的，应当参照项目资金申请报告的要求，编制余款使用方案，并按本办法第十三条规定的程序报国务院发展改革部门批准。

第二十四条 负责将国外贷款进行转贷的转贷机构，应当根据国务院及国务院发展改革部门对项目可行性研究报告或资金申请报告的批准文件，对项目的国外贷款进行转贷，并于每年六月底和十二月底向国务院发展改革部门报送国外贷款支付和偿还情况。

由各级政府负责偿还国外贷款或提供还款担保的项目，转贷机构原则上应当按贷款方提供的贷款条件进行转贷。如以规避外债风险为目的需对上述项目转贷条件进行调整的，转贷机构应当事先征得国务院发展改革部门同意。

第二十五条 项目用款单位要依法履行国外贷款偿还责任，及时进行外债登记，加强国外贷款债务风险管理。

项目用款单位要建立项目信息反馈制度，并于每年六月底和十二月底向批准项目的发展改革部门提交项目进度报告。

第二十六条 国务院发展改革部门应当对项目实施情况和省级发展改革部门批准及管理项目情况进行监督检查，并对查实的问题提出处理意见。

第二十七条 为确保对外还款，防止逃废债务，尚未偿还全部国外贷款的项目用款单位，在进行资产重组、产权变更或破产申请前，应当事先征得转贷机构对剩余债务偿还安排的书面认可，落实还贷责任，并将有关结果抄报国务院发展改革部门。

第五章 附 则

第二十八条 省级发展改革部门依据本办法的规定，制定相应的管理办法。

第二十九条 本办法由国家发展改革委负责解释。

第三十条 本办法自 2005 年 3 月 1 日起施行。此前有关国外贷款投资项目管理的规章和其他规范性文件，与本办法不一致的，按本办法规定执行。

国际金融组织和外国政府贷款工作指南

目　　录

一、世界银行集团 …… 222
二、亚洲开发银行 …… 224
三、金砖国家新开发银行 …… 227
四、欧洲投资银行 …… 229
五、国际农发基金 …… 231
六、外国政府贷款 …… 231

一、世界银行集团

世界银行集团（以下简称“世行”）于1945年布雷顿森林会议后成立，由国际复兴开发银行（IBRD）、国际开发协会（IDA）、国际金融公司（IFC）、多边投资担保机构（MIGA）和国际投资争端解决中心（ICSID）五个机构组成。目前，世行有189个成员国。2016年世行向成员国提供的贷款、股权投资和担保规模642亿美元。

国际复兴开发银行（IBRD）向中等收入国家和信誉良好的低收入国家的政府提供贷款。国际开发协会（IDA）向最贫困国家的政府提供无息贷款、信贷和赠款。国际金融公司（IFC）是专注于私营部门的全球最大开发机构，通过投资项目、国际金融市场筹资等，为企业和政府提供服务。多边投资担保机构（MIGA）通过向投资者和贷款机构提供政治风险保险和信用增级，以促进新兴经济体的外国直接投资。国际投资争端解决中心（ICSID）为调解和仲裁国际投资争端提供便利。

世行致力于2030年全球要实现的两大目标

■ 消除极端贫困，将日均生活费低于1.9美元的人口比例降低到3%以下。

■ 促进共享繁荣，促进各国底层40%人口的收入增长。

■ 1980年我国恢复世行成员国席位，1981年世行向我国提供第一笔贷款支持大学发展项目。截止到2016年6月30日，世行对我国贷款总承诺额577亿美元，贷款项目399个。世行贷款主要投向农业和农村发展、环境、交通、能源、城市发展、文化遗产保护以及教育、卫生和社保等领域。

■ 世行每年对华贷款规模15亿美元。世行贷款期限相对较长，贷款利率较低，偿还期一般为17—25年，其中含3—5年左右的宽限期；贷款利率以6个月伦敦银行同业拆借利率（LIBOR）为基础，由筹资成本外加利差构成。2017年1月，世行美元浮动利率贷款年利率为6个月LIBOR（约为1.43%）加固定利差（0.44%—0.94%），综合成本约2.0%。

世行环境与社会政策要求

世行环境与社会政策主要规定了借款国和项目在整个项目周期内应满足的标准。具体涉及环境和社会风险与影响的评价和管理、劳工和工作条件、资源效率与污染防治和管理、社区健康与安全、土地征用和使用限制以及非自愿移民、生物多样性保护和生物自然资源的可持续管理、文化遗产、金融中介机构、利益相关者参与及信息披露等。

世行贷款项目准备程序

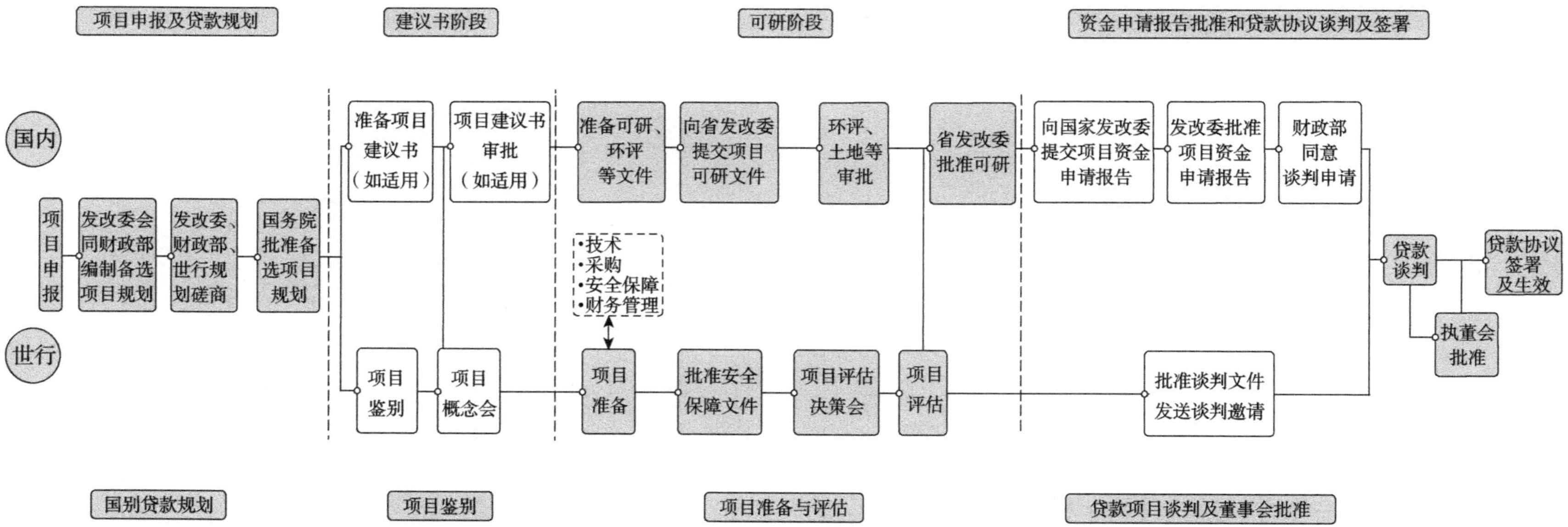
项目申报及贷款规划
建议书阶段
可研阶段
资金申请报告批准和贷款协议谈判及签署
国内
世行
项目申报
发改委会同财政部编制备选项目规划
发改委、财政部、世行规划磋商
国务院批准备选项目规划
准备项目建议书（如适用）
项目建议书审批（如适用）
准备可研、环评等文件
向省发改委提交项目可研文件
环评、土地等审批
省发改委批准可研
向国家发改委提交项目资金申请报告
发改委批准项目资金申请报告
财政部同意谈判申请
贷款谈判
贷款协议签署及生效
执董会批准
•技术
•采购
•安全保障
•财务管理
项目鉴别
项目概念会
项目准备
批准安全保障文件
项目评估决策会
项目评估
批准谈判文件发送谈判邀请
国别贷款规划
项目鉴别
项目准备与评估
贷款项目谈判及董事会批准

二、亚洲开发银行

亚洲开发银行（以下简称“亚行”）成立于1966年。现有成员体67个，其中48个来自亚太地区，19个来自其他地区。亚行核心业务领域包括基础设施（水资源、能源、交通、城市发展、信息和通信技术）、环境、区域合作与一体化、金融行业发展、教育。2016年亚行贷款达到创纪录的315亿美元，较2015年的269亿美元增长了17%。

我国于1986年加入亚行。截至2016年，亚行对我国累计业务规模达363亿美元，其中主权贷款329亿美元，私营部门贷款、投资和担保34亿美元。此外，1986年以来亚行批准对华技术援助赠款3.3亿美元。我国也是亚洲发展基金（规模1.1亿美元）的重要捐资国，并在亚行设立了中国减贫与区域合作基金。亚行对华业务优先关注环境保护和气候变化，促进湄公河次区域和中亚区域合作一体化及包容性发展，推动创新和知识先导性发展，支持改革和制度建设等。

2015年起，亚行每年对华贷款规模20亿美元。亚行贷款期限相对较长，贷款利率较低，偿还期一般为17~25年，其中含3~5年的宽限期；贷款利率以6个月伦敦银行同业拆借利率（LIBOR）为基础，由筹资成本外加利差构成。2017年1月，亚行美元浮动利率贷款年利率为6个月LIBOR（约为1.43%）加固定利差（约0.5%），综合成本约2.0%。

亚行的保障政策框架

亚行保障政策目的是避免、减少或缓解项目对环境和社会的负面影响，保护在发展过程中有可能受到影响或被边缘化的人群。

主要涉及三项业务政策

保障政策要求

（1）在项目周期初期确认并评估可能产生的负面影响；

（2）制订和实施相关计划，以避免、减少、减缓或补偿可能产生的负面影响；

（3）在项目准备阶段和实施过程中，要及时向受影响人群发布信息，征求其意见。

保障政策的操作步骤

（1）一旦确认某项目可以获得亚行资助，就需尽早梳理并界定相关问题，并在整个项目周期中持续进行；

（2）对不利影响做出评估，制订保障计划，安排减缓措施、监督程序以及机构设置，并将保障政策融入项目的设计和实施过程；

（3）在项目准备和执行期间，征求受影响人群的意见，并以他们能接受的方式、方法和语言发布信息；

（4）向公众披露保障计划，并在项目周期的各个阶段及时更新信息。

亚行贷款项目准备程序

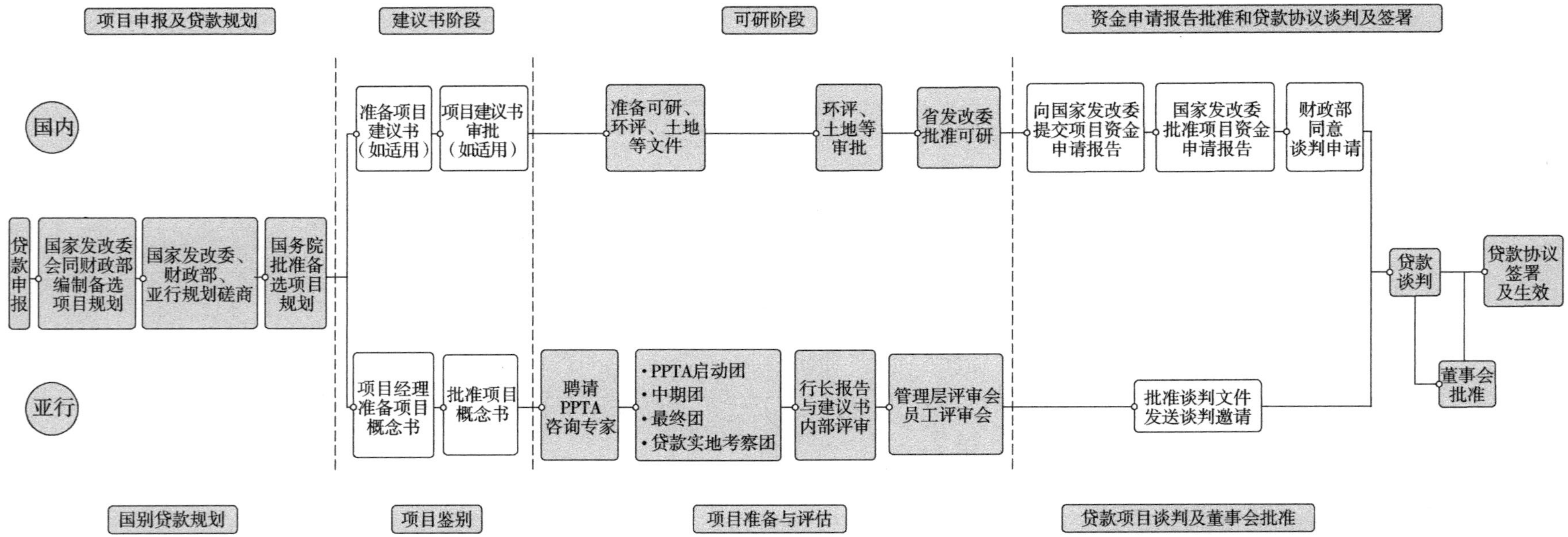
项目申报及贷款规划
建议书阶段
可研阶段
资金申请报告批准和贷款协议谈判及签署
国内
亚行
贷款申报
国家发改委会同财政部编制备选项目规划
国家发改委、财政部、亚行规划磋商
国务院批准备选项目规划
准备项目建议书（如适用）
项目建议书审批（如适用）
准备可研、环评、土地等文件
环评、土地等审批
省发改委批准可研
向国家发改委提交项目资金申请报告
国家发改委批准项目资金申请报告
财政部同意谈判申请
贷款谈判
贷款协议签署及生效
董事会批准
项目经理准备项目概念书
批准项目概念书
聘请PPTA咨询专家
• PPTA启动团
• 中期团
• 最终团
• 贷款实地考察团
行长报告与建议书内部评审
管理层评审会员工评审会
批准谈判文件发送谈判邀请
国别贷款规划
项目鉴别
项目准备与评估
贷款项目谈判及董事会批准

三、金砖国家新开发银行

新开发银行于 2015 年 7 月正式成立，总部设在上海。银行宗旨是为金砖国家及其他新兴经济体和发展中国家的基础设施和可持续发展项目动员资源，促进全球增长与发展。银行创始成员为中国、巴西、俄罗斯、印度和南非金砖 5 国，法定资本 1000 亿美元，初始认缴资本 500 亿美元。新开发银行的主要业务包括贷款、担保、股权投资、技术援助以及联合融资等。

目前新开发银行可提供人民币和美元贷款。

重点支持

新开发银行每年贷款规模 10 亿—20 亿美元，主权或主权担保贷款期限为 10—30 年。目前美元主权贷款利率为在 6 个月 LIBOR 基础上，根据不同贷款期限和市场风险加收固定利差；人民币主权贷款利率为在 3 个月 SHIBOR（上海银行间同业拆借利率）基础上，根据不同贷款期限和市场风险加收固定利差。此外，新开发银行对所有贷款项目收取 0. 25% 的先征费和 0. 25% 的承诺费。

金砖国家新开发银行贷款项目准备程序

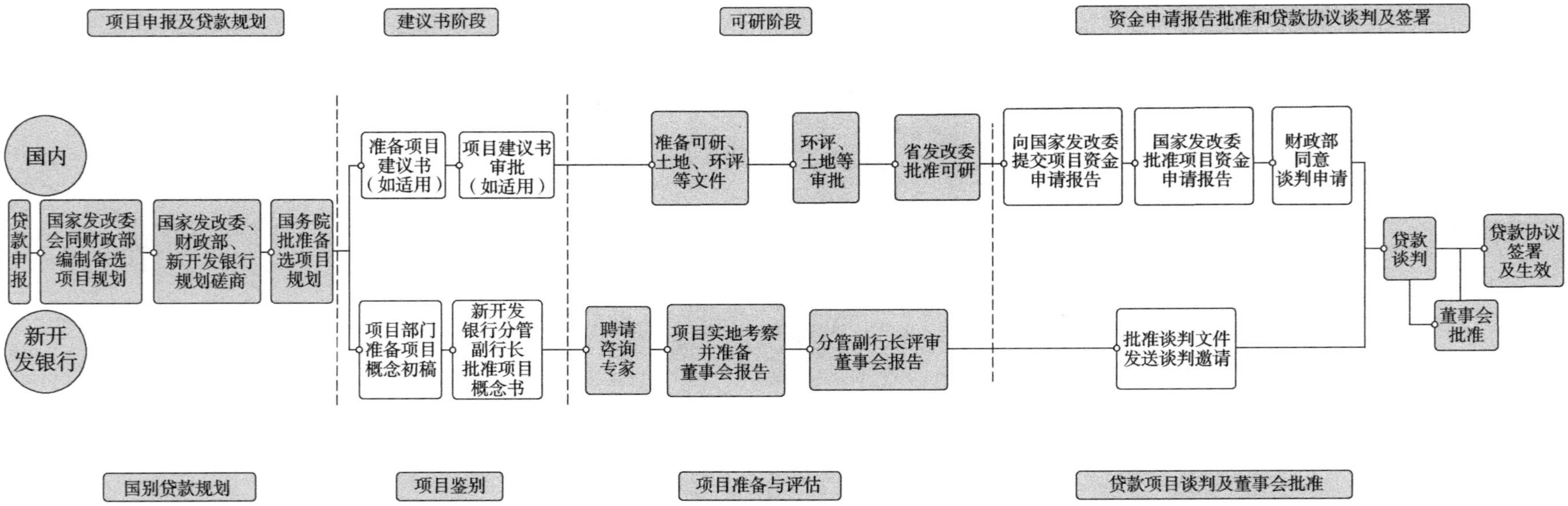

四、欧洲投资银行

欧洲投资银行（以下简称“欧投行”）成立于1958年1月1日，总部设在卢森堡。欧投行为欧盟重要金融机构，股东及成员为欧盟28个成员国，是世界上最大的区域性多边金融机构。1993年起，欧投行开始在包括我国在内的亚洲和拉美国家和地区开展业务。

1995年，我国政府与欧投行签署《中华人民共和国和欧洲投资银行关于金融合作的框架协定》。二十年来，欧投行对我国贷款承诺累计约20亿欧元，项目涉及应对气候变化、节能减排、林业发展、基础设施建设和灾后重建等。

重点支持

2017—2019年，欧投行每年对我国提供5亿欧元贷款。贷款期限不超过25年，含宽限期5年。采购方式以国际竞争性招标（ICB）为主。固定利差浮动利率为6个月的欧洲同业银行拆借利率（EURIBOR，适用于欧元贷款）或伦敦同业银行拆借利率（LIBOR，适用于美元贷款），加提款时的固定利差。免除承诺费、先征费、管理费等费用。

欧洲投资银行贷款项目准备程序

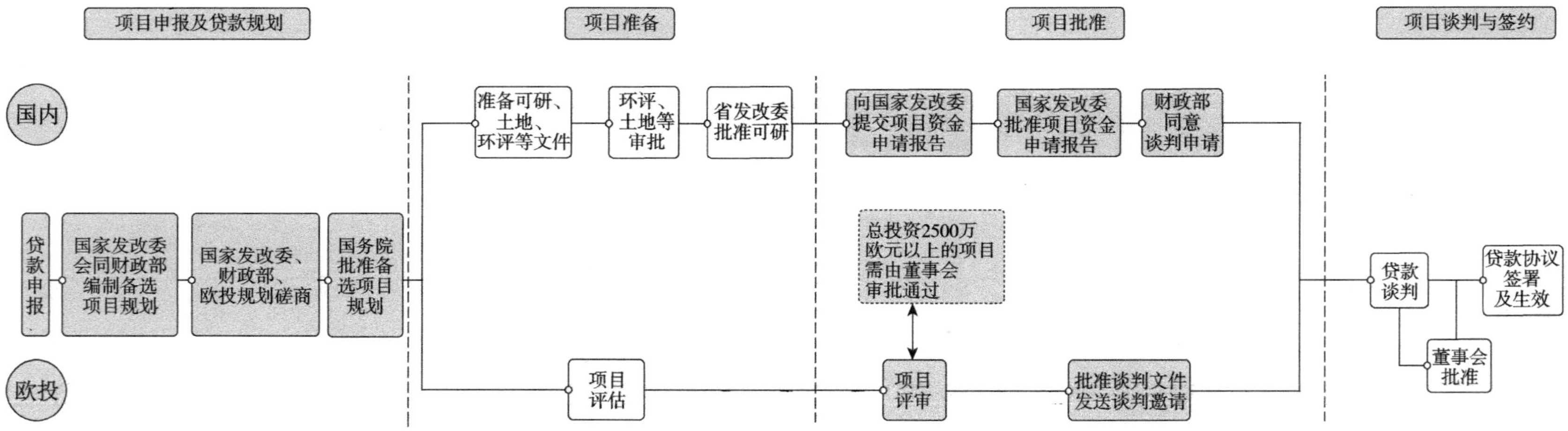

五、国际农发基金

国际农发基金（IFAD）是联合国唯一从事全球扶贫及农业开发的国际金融组织，总部设在意大利罗马。其宗旨是为发展中成员国提供优惠资金，用于发展粮食生产，改善农村贫困人口的营养水平，逐步消除农村贫困。目前共有成员国 176 个，分为三组：A 组国家 25 个，主要为经济合作与发展组织（OECD）成员国；B 组国家 12 个，基本上为石油输出国组织（OPEC）成员国；C 组为 139 个，主要为发展中国家，中国属于 C 组。

2017—2018 年农发基金对中国提供贷款规模约 1.5 亿美元。贷款期限 18 年左右，含宽限期 5 年，利率为浮动利率（由农发基金在每个利息周期公布指导利率），目前利率月 1.0%。

六、外国政府贷款

我国自 1979 年开始借用外国政府贷款，累计借款规模约 750 亿美元。目前贷款国别为德国促进贷款、法国开发署贷款、以色列政府贷款、科威特/沙特/欧佩克基金贷款、北欧投资银行贷款，年度贷款规模约 11 亿美元。贷款期限 7—10 年，利率 3% 左右。

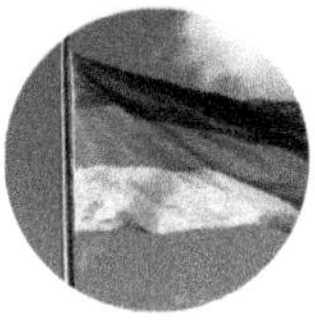

德国促进贷款

贷款规模每年 4.5 亿欧元。贷款领域包括环境友好型交通、可再生能源和能效、职业教育、空气污染防治、森林资源可持续管理、水处理等。贷款采购的土建比例最高不超过 50%（森林资源可持续管理等领域除外），单个项目贷款额不得低于 3500 万欧元。

法国开发署

贷款规模每年约 1.5 亿—2 亿欧元。贷款领域包括集中供热、城市交通、清洁能源、可再生能源和能效、污水处理和再利用、污泥处理、湿地保护、土壤修复、自然与文化遗产保护、工业风险防范等。单个项目贷款额不低于 2000 万欧元。

以色列

贷款规模每年 1.5 亿美元。贷款领域包括教育培训、智能交通、农业开发、水处理、清洁技术等。贷款采购要求以色列货物采购额占贷款额比例不低于 30%。

科威特

贷款规模每年 3000 万—5000 万美元。贷款领域包括基础设施、教育、环保等。贷款资金可全部用于土建，单个项目贷款金额不超过项目总投资额的 50%。

沙特

贷款规模每年 3000 万—5000 万美元。贷款领域包括基础设施、教育、环保等。贷款资金可全部用于土建，单个项目贷款金额不超过项目总投资额的 50%。

欧佩克基金

贷款规模每年 1 亿美元。贷款领域包括基础设施、教育、环保等。贷款资金可全部用于土建，单个项目规模 5000 万美元左右。

北欧投资银行

贷款规模 3 年 1.5 亿欧元。贷款领域包括支持能效、可减少温室气体排放的公共交通、可再生能源等。不支持土建，北欧成员国供货比例不低于 30%，单个项目贷款 2000 万美元左右，不超过项目总投资的 50%；医疗卫生领域项目贷款额不超过总贷款规模的 25%。

德促、法开署、沙特/科威特/欧佩克基金贷款项目准备程序

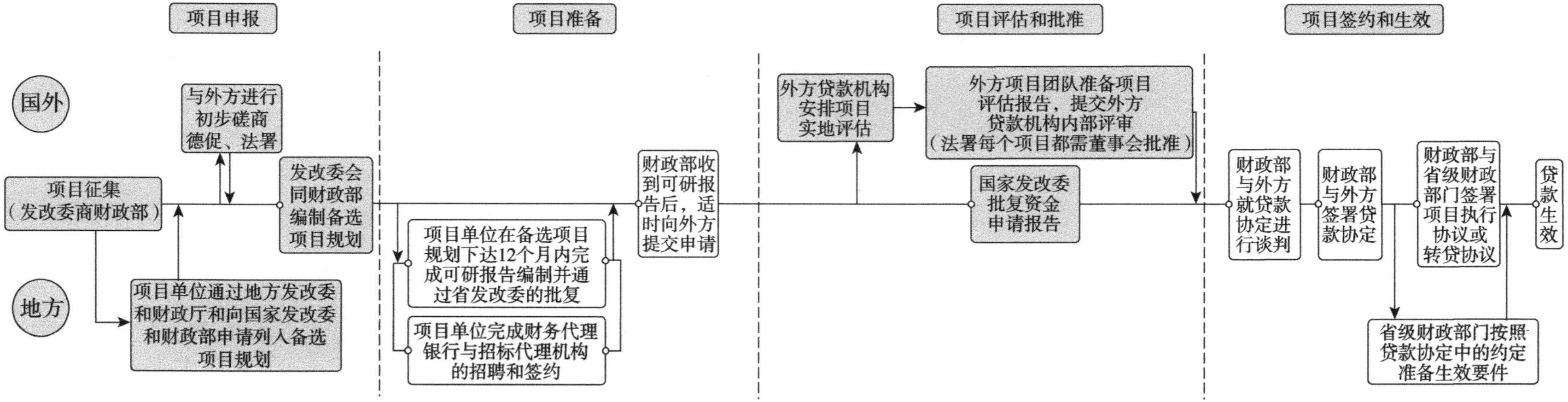

以色列政府贷款项目准备程序

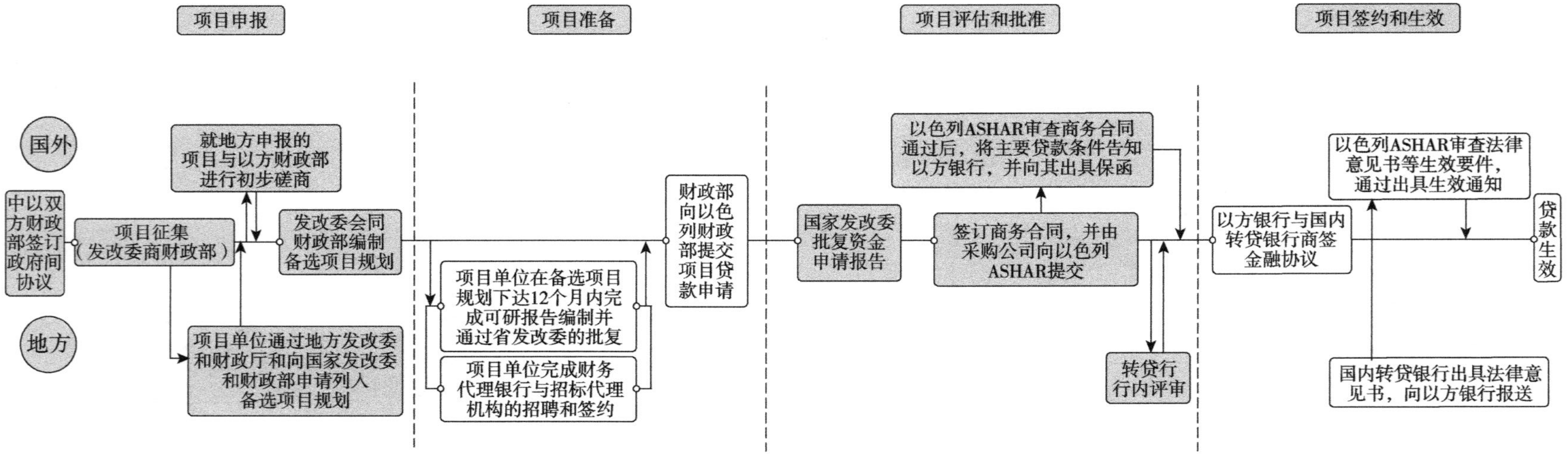